青少年身边的环保丛书

QINGSHAONIAN
SHENBIAN DE HUANBAO CONGSHU

图文并茂　　热门主题　　创意无限

U0661734

海洋的现实和未来

谢苇 主编

APGTIME
时代出版

时代出版传媒股份有限公司
安徽文艺出版社

图书在版编目（ＣＩＰ）数据

海洋的现实和未来 / 谢苇主编. — 合肥：安徽文艺
出版社，2012.2（2024.1重印）

（时代馆书系·青少年身边的环保丛书）

ISBN 978-7-5396-3921-5

Ⅰ．①海… Ⅱ．①谢… Ⅲ．①海洋环境－环境保护－
青年读物②海洋环境－环境保护－少年读物 Ⅳ．①X55-49

中国版本图书馆CIP数据核字(2011)第217060号

海洋的现实和未来

HAIYANG DE XIANSHI HE WEILAI

出 版 人：朱寒冬

责任编辑：周 康　　　　　　　装帧设计：三棵树　文艺

出版发行：安徽文艺出版社　　www.awpub.com

地　　址：合肥市翡翠路1118号　邮政编码：230071

营 销 部：(0551)3533889

印　　制：唐山富达印务有限公司　电话：(022)69381830

开本：700×1000　1/16　印张：10　字数：158千字

版次：2012年2月第1版

印次：2024年1月第3次印刷

定价：48.00元

前 言

PREFACE

　　海洋约占地球表面面积的 70.9%，分布于地表的巨大盆地中，因此有"三分陆地七分海洋"之说。全球海洋一般被分为数个大洋和许多的海。我们通常说的"四大洋"是指太平洋、大西洋、印度洋和北冰洋，有科学家又加上第五大洋——南冰洋，即南极洲附近的海域。

　　经科学家探测，在大陆架区海底的石油储量约有 1100 亿吨，占全球石油总储量的 30%；天然气储量约为 14 万亿立方米，占全球总储量的 26%。海洋还拥有无穷的动力资源——波浪能、潮汐能、海流能等，它们是用来发电的巨大动力之源。当然，海洋不只是一个能源宝库，因其海洋生物异常丰富，它还是药物的宝库和人类未来的粮仓。

　　然而自近现代以来，特别是近几十年，随着世界工业的快速发展，人们的生活水平大幅提高，但一个残酷的现实是：作为所有生命摇篮的海洋的污染日趋严重，局部海域环境发生了很大变化，并有继续扩展的趋势。

　　海洋的污染主要是发生在靠近大陆的海湾。由于密集的人口和工业，大量的废水和固体废物倾入海水，加上海岸曲折造成水流交换不畅，使得海水的温度、pH、含盐量、透明度、生物种类和数量等性状发生改变，对海洋的生态平衡构成危害。目前，海洋污染突出表现为石油污染、赤潮、有毒物质累积、塑料污染和核污染等几个方面。

　　然而海洋资源异常丰富而庞大，寄托着解决人类未来能源危机、粮食危机的希望，所以日益严重的海洋污染的现状已引起有关国际组织及各国政府的极大关注。它们为了治理与防止海洋污染，采取的措施主要有：海洋开发与环境保护协调发展，加强对污染源的治理；对海洋环境深入开展科学研究；

健全环境保护法制，加强监测监视和管理；建立海上消除污染的组织；加强宣传教育，提高保护海洋的意识；加强国际合作，共同保护海洋环境。在一些国家和国际组织的努力下，国际社会还先后制定了一系列公约，对防止、控制和减少污染起到了积极的作用。

　　海洋被污染的现实是残酷的，但如果大到各国，小到我们每一个人，共同行动起来，一起呵护生命的摇篮——海洋，并且在此基础上，合理而科学地开发利用海洋资源和能源，那么，人类的未来仍然是充满希望的。

Contents
目 录

撩开海洋的面纱

世界上的海洋 …………………………………………… 2

海洋形成之谜 …………………………………………… 7

海洋是未来能源的希望 ………………………………… 10

海洋是人类未来的粮仓 ………………………………… 12

海洋的开发与利用 ……………………………………… 15

令人担忧的现状

工业废水污染 …………………………………………… 27

农药污染 ………………………………………………… 28

采挖矿产的污染与危害 ………………………………… 31

海洋热污染 ……………………………………………… 35

"红色幽灵"赤潮 ……………………………………… 39

船舶污染 ………………………………………………… 48

声呐污染 ………………………………………………… 52

石油污染 ………………………………………………… 56

塑料垃圾污染 …………………………………………… 68

核污染 …………………………………………………… 72

海洋污染的治理

船舶污染的治理措施 …………………………………… 77

赤潮的预防措施 ···················· 79
变"废"为宝防污染 ···················· 80
治理石油污染的方法 ···················· 82
监测石油污染的手段 ···················· 87

保护海洋环境的具体措施

确立海域使用管理制度 ···················· 95
确定海洋功能区划 ···················· 105
设立海洋保护区 ···················· 107
走海洋可持续发展之路 ···················· 120
设立海洋宣传日 ···················· 126
构建人海和谐关系 ···················· 128

共同呵护生命的摇篮

保护海洋各国在行动 ···················· 135
国际海域的环境保护 ···················· 141
国际上的海洋保护组织 ···················· 146
我国加强国际合作 ···················· 152

撩开海洋的面纱
LIAOKAI HAIYANG DE MIANSHA

地球表面被陆地分隔为彼此相通的广大水域称为海洋，其总面积约为3.6亿平方千米，约占地球表面积的71%。因为海洋面积远远大于陆地面积，故有人将地球称为"水球"。

海和洋不是一回事，海洋的中间部分称为洋，约占海洋总面积的89%，它的深度大，一般在两三千米以上；海洋的边缘部分称为海，深度较浅，一般在两三千米之内，约占海洋总面积的11%。

海洋是矿物资源的聚宝盆。锰结核是一种海底稀有金属矿源，广泛分布于4000～5000米的深海底部。它们是未来可利用的最大的金属矿资源。令人感兴趣的是，锰结核是一种再生矿物。它每年约以1000万吨的速率不断地增长着，是一种取之不尽、用之不竭的矿产。

还有有"海底金银库"之称的热液矿藏，含有金、铜、锌等几十种稀贵金属，而且金、锌等金属品位非常高，是由海底山裂缝中喷出的高温熔岩，经海水冲洗、析出、堆积而成的，并能像植物一样，以每周几厘米的速度飞快地增长。

据有关医学专家预测，人类将在21世纪制服癌症。那么，人类靠的是何种灵丹妙药？近年来，科学家们研究后发现，海洋将成为21世纪的药库。海洋还是人类未来的粮仓，海洋中的鱼和贝类都能够为人类提供滋味鲜美、营养丰富的蛋白食物。

世界上的海洋

　　世界海洋的总面积为 3.6 亿平方千米，大约占地球表面积的 70.9%。海洋中含有 13.5 亿立方千米的水，约占地球上总水量的 97.5%。全球海洋一般被分为数个大洋和面积较小的海。4 个主要的大洋为太平洋、大西洋和印度洋、北冰洋（有科学家又加上第五大洋——南冰洋，即南极洲附近的海域），大部分以陆地和海底地形线为界。四大洋在环绕南极大陆的水域即南极海（又称南部海〔Southern Ocean〕）大片相连。传统上，南冰洋也被分为 3 个部分，分别隶属三大洋。将南冰洋的相应部分包含在内，太平洋、大西洋和印度洋分别占地球海水总面积的 14.2%、24% 和 20%。重要的边缘海多分布于北半球，它们部分为大陆或岛屿包围。最大的是北冰洋及其近海、亚洲的地中海（介于澳大利亚与东南亚之间）、加勒比海及其附近水域、地中海（欧洲）、白令海、鄂霍次克海、黄海、东海和日本海。

　　太平洋是世界最大的大洋。包括属海的面积为 18134.4 万平方千米，不包括属海的面积为 16624.1 万平方千米，约占地球总面积的 1/3。从南极大陆海岸延伸至白令海峡，跨越纬度 135°，南北最宽 15500 千米。从南美洲的哥伦比亚海岸至亚洲的马来半岛，东西最长 21300 千米。包括属海的体为 71441 万立方

太平洋

千米，不包括属海的体积 69618.9 万立方千米。包括属海的平均深度为 3939.5 米，不包括属海的平均深度为 4187.8 米，已知最大深度 11034 米，位于马里亚纳海沟内。北部以宽仅 102 千米的白令海峡为界，东南部经南美洲

的火地岛和南极洲葛兰姆地（Graham Land）之间的德雷克（Drake）海峡与大西洋沟通；西南部与印度洋的分界线为：从苏门答腊岛经爪哇岛至帝汶岛，再经帝汶海至澳大利亚的伦敦德里（Londonderry）角，再从澳大利亚南部经巴斯海峡，由塔斯马尼亚岛直抵南极大陆。由于地球上主要山系的布局，注入太平洋河流的水量仅占全世界河流注入海洋总水量的1/7。在太平洋水系中，最主要的是中国及东南亚的河流。

太平洋一词最早出现于16世纪20年代，它是由大航海家麦哲伦及其船队首先叫开的。1519年9月20日，葡萄牙航海家麦哲伦率领270名水手组成的探险队从西班牙的塞维尔启航，西渡大西洋，他们要找到一条通往印度和中国的新航路。12月13日船队到达巴西的里约热内卢湾稍作休整后，便向南进发，1520年3月到达圣朱利安港。此后，船队发生了内讧。费尽九牛二虎之力，麦哲伦镇压了西班牙船队发起的叛乱，船队继续南下。他们顶着惊涛骇浪，吃尽了苦头，到达了南美洲的南端，进入了一个海峡。这

航海家麦哲伦

个后来以麦哲伦命名的海峡更为险恶，到处是狂风巨浪和险礁暗滩。又经过38天的艰苦奋战，船队终于到达了麦哲伦海峡的西端，然而此时船队仅剩下3条船了，队员也损失了一半。又经过3个月的艰苦航行，船队从南美越过关岛，来到菲律宾群岛。这段航程再也没有遇到一次风浪，海面十分平静，原来船队已经进入赤道无风带。饱受了先前滔天巨浪之苦的船员高兴地说："这真是一个太平洋啊！"从此，人们把美洲、亚洲、大洋洲之间的这片大洋称为"太平洋"。

大西洋是世界第二大洋。古名阿特拉斯海，名称起源于希腊神话中的双肩负天的大力士神阿特拉斯。位于欧洲、非洲与北美、南美之间，北接北冰洋，南接南极洲，西南以通过合恩角（Cape Horn）的经线（西经67°）与太

大西洋

平洋为界，东南以通过厄加勒斯角（Cape Agulhas）的经线（东经20°）与印度洋为界。包括属海的面积为9431.4万平方千米，不包括属海的面积为8655.7万平方千米。包括属海的体积为33271万立方千米，不包括属海的体积为32336.9万立方千米。包括属海的平均深度为3575.4米，不及太平洋和印度洋，不包括属海的平均深度为3735.9米，已知最大深度为9218米。

英语大西洋（Atlantic）一词，源于希腊语词，意谓希腊神话中擎天巨神阿特拉斯（Atlas）之海。按拉丁语，大西洋称为Mare Atlanticum，希腊语的拉丁化形式为Atlantis。原指地中海直布罗陀海峡至加那利群岛之间的海域，以后泛指整个海域。在有些拉丁语的文献中，大西洋也称为Oceanus Occidentalis，意即西方大洋。

古代对大西洋的有关知识，均载于托勒密的地图里。1440～1540年间，大西洋上的几乎全部岛屿以及大洋的陆界基本测绘清楚。1819～1821年间，发现南极大陆及其周围的岛屿。1770年，B·富兰克林组织编绘的北大西洋海流图（主要描述了湾流的路径）制版付印。19世纪以后，进入海洋学调查研究阶段。在各国组织的调查中，较重要的有英国的"挑战者"号（1872～1876）、"发现"号（1925～1927和1929～1938），俄国的"勇士"号（1886～1889），德国的"羚羊"号（1874～1876）和"流星"号（1925～1927）等考察活动，以及美国海岸及大地测量局对湾流的调查等。20世纪70年代以来，对大西洋进行了海—气相互作用联合研究（Jasin）、多边形—中大洋动力学实验（POLYMODE）、全球大气研究计划大西洋热带实验（GATE）和法摩斯计划（FAMOUS）等专题调查和海上现场试验，使人们对大西洋有了更多的了解。

印度洋是世界的第三大洋。位于亚洲、大洋洲、非洲和南极洲之间。包括属海的面积为 7411.8 万平方千米，不包括属海的面积为 7342.7 万平方千米，约占世界海洋总面积的 20%。包括属海的体积为 28460.8 万立方千米，不包括属海的体积为 28434 万立方千米。印度洋的平均深度仅次于太平洋，位居第二，包括属海的平均深度为 3839.9 米，不包括属海的平均深度为 3872.4 米。其北为印度、巴基斯坦和伊朗；西为阿拉伯半岛和非洲；东为澳大利亚、印度尼西亚和马来半岛；南为南极洲。与大西洋的分界线：从非洲南端的厄加勒斯角（Cape Agulhas）向南，沿东经 20°线直抵南极大陆。与太平洋的分界线：东南部从塔斯马尼亚岛的东南角向南，沿东经 146°51′线至南极大陆。位于塔斯马尼亚岛与澳大利亚大陆之间的巴斯（Bass）海峡是两大洋分界处，然而巴斯海峡究应划归太平洋或印度洋，学者的意见不一。东北部的分界线较难画定，有一些学者认为它经过澳大利亚和新几内亚岛之间的托雷斯（Torres）海峡，再由阿迪（Adi）岛经小巽他群岛（努沙登加拉群岛）和爪哇岛的南部，

印度洋

越巽他海峡至苏门答腊岛；但有的学者认为阿拉弗拉海和帝汶海应属太平洋，不应划入印度洋。苏门答腊岛与马来半岛之间，有的主张以新加坡为界，有的主张以佩德罗角（Cape Pedro）向东北延伸划界，将马六甲海峡划入太平洋。

印度洋最深处在阿米兰特群岛西侧的阿米兰特海沟，深 9074m。印度洋东、西、南三面海岸陡峭而平直，没有突出的边缘海和内海。与亚洲相濒临的印度洋的北部，因受亚洲西部和南部岛屿、半岛的分隔，形成许多边缘海、内海、海湾和海峡。主要边缘海有安达曼海、阿拉伯海；主要内海有红海；海湾有孟加拉湾、阿曼湾、亚丁湾；主要海峡有曼德海峡、霍尔木兹海峡、马六甲海峡等。

北冰洋

北冰洋是世界第四大洋。它以北极为中心，介于亚洲、欧洲和北美洲之间，为三洲所环抱，近于半封闭。通过挪威海、格陵兰海和巴芬湾同大西洋连接，并以狭窄的白令海峡沟通太平洋。在亚洲与北美洲之间有白令海峡通太平洋，在欧洲与北美洲之间以冰岛—法罗海槛和威维亚·汤姆逊海岭与大西洋分界，有丹麦海峡及北美洲东北部的史密斯海峡与大西洋相通。

北冰洋的名字源于希腊语，意即正对大熊星座的海洋。1650 年，德国地理学家 B·瓦伦纽斯首先把它划成独立的海洋，称大北洋；1845 年伦敦地理学会命名为北冰洋。改为北冰洋一则是因为它在四大洋中位置最北，再则是因为该地区气候严寒，洋面上常年覆有冰层，所以人们称它为北冰洋。

北冰洋面积为 1310 万平方千米，约相当于太平洋面积的 1/14，约占世界海洋总面积 4.1％，是地球上四大洋中最小最浅的洋。有三条横贯海底的海岭。中央一条叫罗蒙诺索夫海岭（Lomonosov Ridge），从埃尔斯米尔岛延伸到新西伯利亚群岛，长 1760 千米，宽 60～190 千米，平均高 3050 米，深 900～1650 米；把北极海盆分为欧亚海盆（Eurasia Basin）与美亚海盆（Amerasia Basin）。欧亚海盆被一条从大西洋海脊展伸过来的南森海底山脉（Nansen Cordillera）分为南森海盆和弗拉姆海盆（Fram Basin）。美亚海盆被阿尔法海底山脉（Alpha Cordillera）分为马卡罗夫海盆（Makarov Basin）和加拿大海盆。

知识点

南冰洋

南冰洋，也叫"南极海"、"南大洋"，是世界上第五个被确定的大洋，是世界上唯一完全环绕地球却没有被大陆分割的大洋。南冰洋是围绕南极洲的海洋，是太平洋、大西洋和印度洋南部的海域，以前一直认为太平洋、大西洋和印度洋一直延伸到南极洲，南冰洋的水域被视为南极海，但因为海洋学上发现南冰洋有重要的不同洋流，于是国际水文地理组织于2000年确定其为一个独立的大洋，成为五大洋中的第四大洋。但在学术界依旧有人认为依据大洋应有其对应的中洋脊而不承认"南冰洋"这一称谓。

海洋形成之谜

我们生活的地球是"三分陆地七分海洋"，可以说海洋是孕育生命的摇篮。那么，海洋到底是如何形成的？这是人们一直在探讨的问题。

关于海洋起源的科学假说是多种多样。因为人类是继地球和海洋诞生之后才出现的，所以不可能目睹海洋形成的奇观，因此，对海洋的起源问题只能以已经掌握的科学知识来进行推测。

1879年，生物进化论创立者达尔文的儿子G.达尔文提出了一种形成大洋的"月球分出说"。说是在地球刚刚形成的时候，地球的自转速度比现在要快得多。由于太阳的引力作用和地球的高速自转，使部分地块分出了地球，被甩出的地块在地球引力的作用下，绕着地球不停地旋转，后来便成为我们夜晚常能看到的月亮。月球被甩出后，在地球上留下了一个大窟窿，逐渐演变成今天的太平洋。但是，这种假说后来遭到了许多科学家的反对。

有人曾计算过，要使地球上的物体飞离，其自转速度应是目前地球自转速度的17倍，也就是说一昼夜不得长于1小时25分，这显然是难以令人置信的。

还有的人认为，若月球从地球上飞出，则月球的运行轨道应在地球赤道的上空，而事实上却不是这样。

此后，法国学者狄摩切尔又提出了新的太平洋成因假说——"陨星说"。他认为，太平洋是由另一颗地球的卫星（其直径比月球大两倍）坠落地面造成的。这颗卫星冲开了大陆的硅铝层外壳而形成巨大的陨石谷，它还可能深入地球内核，引起地球的强烈膨胀与收缩，其结果不仅形成了太平洋，而且又使其他陆壳也破裂张开，形成了大西洋、印度洋、北冰洋等大洋。随着宇航科学的发展，这个学说的研究又重新兴盛起来了。然而，人们还是特别怀疑偶然的碰撞是否能形成占地球表面积 1/3 的巨大太平洋盆地，因为，无论是地球上还是月球上的陨石坑，其规模都是很小的。

1910 年，关于海洋成因的一个新的假说又被提出来了。当时，30 岁的德国地球物理学家魏格纳在观察世界地图时，发现大西洋东西岸的海岸，虽然也和其他海岸一样弯弯曲曲的，但是它们的形状却很相似，好像一张被撕成两半儿的报纸。如果把这两半儿"报纸"拼合在一起，恰好形成一块完整的大陆。事情为什么会这么凑巧呢？这在魏格纳的脑海里留下了一个疑问。

后来，他又发现大洋两边的大陆有着相同的地质年代和古生物化石，在地层和地质构造等方面也有某些相似之处。经过反复研究，魏格纳断定大西洋两岸原来是连在一起的，分开只是后来的事。于是，1912 年 1 月 6 日，在德国法兰克福召开的地质学代表大会上，他首次提出了"大陆漂移说"。这个科学假说后来又被许多科学家所完善，成为地球四大洋形成的最有说服力的一种学说。

大陆漂移说认为，在距今 2 亿年前，地球上现有的大陆是彼此连成一片的，从而组成了一块原始大陆，或称为泛大陆。泛大陆的周围是一片汪洋大海，叫做泛大洋。在距今 1 亿 8 千万年前，泛大陆开始分裂，漂移成南北两大块，南块叫岗瓦纳古陆，包括南美洲、非洲、印巴次大陆、南极洲和澳洲；北块叫劳亚古陆，包括欧亚大陆和北美洲。以后，又经过上亿年的沧桑之变，到了距今约 6500 万年前，泛大陆又进一步分裂和漂移，从而形成了亚洲、非洲、欧洲、大洋洲、南美洲、北美洲和南极洲；而泛大洋则完全解体，形成了太平洋、大西洋、印度洋和北冰洋。

为了更合理地解释大陆漂移现象，科学家们又在探索新的科学依据。1961 年，美国科学家赫斯和迪兹提出了"海底扩张说"，事过两年，法国的凡因和马修斯也提出了这个理论。

海底扩张说认为，洋底新地壳有一个不断形成的过程，地幔里的物质不断从大洋中脊上的裂谷里涌出，冷凝和充填在中脊的断裂处，从而形成新的洋底。新海底不断扩张，把年老的海底向两侧排挤，当被挤到海沟区时，它们便沉入地幔。据计算，海底扩张速度每年有几厘米，最快的每年可达 16 厘米；这样，就使得海底每隔3～4亿年便要更新一次。

这一海底扩张的过程被深海钻探资料所证实，还可以从洋脊两侧岩石的磁性上得到证明。

到了20世纪60年代后期，在"漂移"和"扩张"理论基础上，又产生出一种崭新的科学假说，从而使海洋起源的研究进入了一个新的时期。1968年，法国学者勒比雄提出了"板块构造说"。

这种学说认为，全球岩石圈不是整体一块，而是被一些构造活动带所分割，分成的一些不连续的块体称为板块。勒比雄将全球分为六大板块，即亚欧板块、美洲板块、非洲板块、太平洋板块、澳洲板块（印度洋板块）和南极洲板块。这些板块很像漂浮在地幔上的木筏，游游荡荡，存在着种种形态的漂移关系。地壳的活动就是这几个板块相互作用引起的，在板块相互交接的地带，地壳活动比较明显，常常会形成地震和火山爆发等现象。这些板块还在不断地进行相对的水平运动，当大洋板块向大陆板块运动时，板块的边沿便向下俯冲进入地幔；地幔把俯冲进来的地壳加温、加压和熔化，再运向大洋海岭的底部，然后再上升出来。这恰恰与"海底扩张说"相吻合，在地幔的相对运动中大陆确实被"漂移"了，经过很久很久的一段时间，才形成了今天地球上海陆分布的面貌。

至此，大陆漂移、海底扩张和板块构造三种理论结合了起来，构成了新的全球构造学说。我们所讨论的海洋起源问题，也就有了一个比较清晰的眉目，然而，人类的历史才只有300万年，与地球相比，这段历史显然只是一段极短暂的时光。对于海陆起源的问题，上述种种学说都有它不能解释的问题，所以，这个问题并没有得到彻底地解决，有待后人进一步探索。

▶▶▶ **知识点**

大陆漂移的力量是什么

魏格纳的"大陆漂移学说"影响深远，但它存在一个巨大的弱点是：巨大的大陆是在什么上漂移的？驱动大陆漂移的力量来自何方？魏格纳认为硅铝质的大陆漂浮在地球的硅镁层上，即固体在固体上漂浮、移动。对于推动大陆的力量，魏格纳猜测是海洋中的潮汐，拍打大陆的岸边，引起微小的运动，日积月累使巨大的陆地漂到远方；还有可能是太阳和月亮的引力。根据魏格纳的说法，当时的物理学家立刻开始计算，利用大陆的体积、密度计算陆地的质量。再根据硅铝质岩石与硅镁质岩石摩擦力的状况，算出要让大陆运动，需要多么大的力量。物理学家发现，日月引力和潮汐力实在是太小了，根本无法推动广袤的大陆。

▌▌▌海洋是未来能源的希望

世界经济的现代化，得益于化石能源，如石油、天然气、煤炭与核能的广泛应用，因而它是建筑在化石能源基础上的一种经济。然而，由于这一经济的资源载体将在21世纪上半叶面临枯竭。综合估算，可支配的石油储备的极限，大约为1180~1510亿吨，以1995年世界石油的年开采量33.2亿吨计算，石油大约在2050年左右宣告枯竭。天然气储备估计在13.18万~15.29万兆立方米。年开采量维持在2300兆立方米，将在57~65年内枯竭。煤的储量约为5600亿吨。以1995年煤炭开采量为33亿吨计算，可以供应169年。铀的年开采量目前为每年6万吨，根据1993年世界能源委员会的估计可维持到21世纪30年代中期。核聚变到2050年还没有实现的希望。化石能源与原料链条的中断，必将导致世界经济危机和冲突的加剧，最终葬送现代市场经济。

所以能源成为世界经济可持续发展的关键，于是人们把目前投向太阳能、风能、生物能、氢能等能源，更把目光投向蕴藏着巨大能源的占地球面积71%的海洋，有理由相信解决能源危机的希望就在海洋里。

海洋资源指形成和存在于海水或海洋中的有关资源。包括海水中生存的生物，溶解于海水中的化学元素，海水波浪、潮汐及海流所产生的能量、贮存的热量，滨海、大陆架及深海海底所蕴藏的矿产资源，以及海水所形成的压力差、浓度差等。广义的还包括海洋提供给人们生产、生活和娱乐的一切空间和设施。

按资源性质或功能分为海洋生物资源和水域资源。世界水产品中的85%

左右产于海洋。以鱼类为主体，占世界海洋水产品总量的 80% 以上，还有丰富的藻类资源。海水中含有丰富的海水化学资源，已发现的海水化学物质有 80 多种。其中，11 种元素（氯、钠、镁、钾、硫、钙、溴、碳、锶、硼和氟）占海水中溶解物质总量 99.8% 以上，可提取的化学物质达 50 多种。由于海水运动产生海洋动力资源，主要有潮汐能、波浪能、海流能及海水因温差和盐差而引起的温差能与盐差能等。估计全球海水温差能的可利用功率达 100×10^8 千瓦，潮汐能、波浪能、河流能及海水盐差能等可再生功率在 10×10^8 千瓦左右。

油气资源

人类经济、生活的现代化，对石油的需求日益增多。在当代，石油在能源中发挥第一位的作用。但是，由于比较容易开采的陆地上的一些大油田，有的业已告罄，有的濒于枯竭。为此，近二三十年来，世界上不少国家正在花大力气来发展海洋石油工业。

探测结果表明，世界石油资源储量为 1 万亿吨，可开采量约 3000 亿吨，其中海底储量为 1300 亿吨。

中国有浅海大陆架近 200 万平方千米。通过海底油田地质调查，先后发现了渤海、南黄海、东海、珠江口、北部湾、莺歌海以及台湾浅滩等 7 个大型盆地。其中东海海底蕴藏量之丰富，堪与欧洲的北海油田相媲美。

东海平湖油气田是中国东海发现的第一个中型油气田，位于上海东南 420 千米处。它是以天然气为主的中型油气田，深 2000～3000 米。据有关专家估计，天然气储量为 260 亿立方米，凝析油 474 万吨，轻质原油 874 万吨。

矿产资源

海洋蕴藏着 80 多种化学元素。有人计算过，如果将 1 立方千米海水中溶解的物质全部提取出来，除了 9.94 亿吨淡水以外，可生产食盐 3052 万吨、镁 236.9 万吨、石膏 244.2 万吨、钾 82.5 万吨、溴 6.7 万吨，以及碘、铀、金、银等等，由此可见海洋资源的价值。

潮汐能

因月球引力的变化引起潮汐现象，潮汐导致海水平面周期性地升降，因海水涨落及潮水流动所产生的能量成为潮汐能。在涨潮的过程中，汹涌而来的海水具有很大的动能，而随着海水水位的升高，就把海水的巨大动能转化为势能；在落潮的过程中，海水奔腾而去，水位逐渐降低，势能又转化为动能。

世界上潮差的较大值约为 13～15 米，但一般说来，平均潮差在 3 米以上就有实际应用价值。潮汐能是因地而异的，不同的地区常常有不同的潮汐系统，它们都是从深海潮波获取能量，但具有各自的特征。尽管潮汐很复杂，但对于任何地方的潮汐都可以进行准确预报。潮汐能的利用方式主要是发电。潮汐发电是利用海湾、河口等有利地形，建筑水堤，形成水库，以便于大量蓄积海水，并在坝中或坝旁建造水利发电厂房，通过水轮发电机组进行发电。

海洋是人类未来的粮仓

位于近海水域自然生长的海藻，年产量已相当于目前世界年产小麦总量的 15 倍以上。如果把这些藻类加工成食品，就能为人们提供充足的蛋白质、多种维生素以及人体所需的矿物质。海洋中还有丰富的肉眼看不见的浮游生物，加工成食品，足可满足 300 亿人的需要。海洋中还有众多的鱼虾，真是人类未来的粮仓。

海洋中的鱼和贝类能够为人类提供滋味鲜美、营养丰富的蛋白食物。

蛋白质是构成生物体的最重要的物质，它是生命的基础。现在人类消耗的蛋白质中，由海洋提供的不过 5%～10%。令人焦虑的是，20 世纪 70 年代以来，海洋捕鱼量一直徘徊不前，有不少品种已经呈现枯竭现象。用一句民间的话来说，现在人类把黄鱼的孙子都吃得差不多了。要使海洋成为名副其实的粮仓，鱼鲜产量至少要比现在增加 10 倍才行。美国某海洋饲养场的实验表明，大幅度地提高鱼产量是完全可能的。

在自然界中，存在着数不清的食物链。在海洋中，有了海藻就有贝类，有了贝类就有小鱼乃至大鱼……海洋的总面积比陆地要大1倍多，世界上屈指可数的渔场，大抵都在近海。这是因为，藻生长需要阳光和硅、磷等化合物，这些条件只有接近陆地的近海才具备。海洋调查表明，在1000米以下的深海水中，硅、磷等含量十分丰富，只是它们浮不到温暖的表面层。因此，只有少数范围不大的海域，那儿由于自然力的作用，深海水自动上升到表面层，从而使这些海域海藻丛生，鱼群密集，成为不可多得的渔场。

海洋学家们从这些海域受到了启发，他们利用回升流的原理，在那些光照强烈的海区，用人工方法把深海水抽到表面层，而后在那儿培植海藻，再用海藻饲养贝类，并把加工后的贝类饲养龙虾。令人惊喜的是，这一系列试验都取得了成功。

有关专家乐观地指出，海洋粮仓的潜力是很大的。目前，产量最高的陆地农作物每公顷的年产量折合成蛋白质计算，只有0.71吨。而科学试验中同样面积的海水饲养产量最高可达27.8吨，具有商业竞争能力的产量也有16.7吨。

当然，从科学实验到实际生产将会面临许许多多困难。其中最主要的是从1000米以下的深海中抽水需要相当数量的电力。这么庞大的电力从何而来？显然，在当今条件下，这些能源需要量还无法满足。

不过，科学家们还是找到了窍门：他们准备利用热带和亚热带海域表面层和深海的水温差来发电。这就是所谓的海水温差发电。这就是说，设计的海洋饲养场将和海水温差发电站联合在一起。

据有关科学家计算，由于热带和亚热带海域光照强烈，在这一海区，可供发电的温水多达6250万亿立方米。如果人们每次用1%的温水发电，再抽同样数量的深海水用于冷却，将这一电力用于饲养，每年可得各类海鲜7.5亿吨。它相当于20世纪70年代中期人类消耗的鱼、肉总量的4倍。

通过这些简单地计算，不难看出，海洋成为人类未来的粮仓，是完全可行的。

海水能源

浩瀚的大海，不仅蕴藏着丰富的矿产资源，更有真正意义上取之不尽、用之不竭的海洋能源。它既不同于海底所储存的煤、石油、天然气等海底能源资源，也不同于溶于水中的铀、镁、锂、重水等化学能源资源。它有自己独特的方式与形态，就是用潮汐、波浪、海流、温度差、盐度差等方式表达的动能、势能、热能、物理化学能等能源。直接地说就是潮汐能、波浪能、海水温差能、海流能及盐度差能等。这是一种"再生性能源"，永远不会枯竭，也不会造成任何污染。

潮汐能就是潮汐运动时产生的能量，是人类利用最早的海洋动力资源。中国在唐朝沿海地区就出现了利用潮汐来推磨的小作坊。后来，到了 11～12 世纪，法、英等国也出现了潮汐磨坊。到了 20 世纪，潮汐能的魅力达到了高峰，人们开始懂得利用海水上涨下落的潮差能来发电。据估计，全世界的海洋潮汐能有 20 亿多千瓦，每年可发电 12400 万亿度。

目前，世界上第一个也是最大的潮汐发电厂就处于法国的英吉利海峡的朗斯河河口，年供电量达 5.44 亿度。一些专家断言，未来无污染的廉价能源是永恒的潮汐。而另一些专家则着眼于普遍存在的，浮泛在全球潮汐之上的波浪。波浪能主要是由风的作用引起的海水沿水平方向周期性运动而产生的能量。

波浪能是巨大的，一个巨浪就可以把 13 吨重的岩石抛出 20 米高，一个波高 5 米、波长 100 米的海浪，在 1 米长的波峰片上就具有 3120 千瓦的能量，由此可以想象整个海洋的波浪所具有的能量该是多么惊人。据计算，全球海洋的波浪能达 700 亿千瓦，可供开发利用的为 20～30 亿千瓦。每年发电量可达 9 万亿度。

除了潮汐与波浪能，海流可以作出贡献，由于海流遍布大洋，纵横交错，川流不息，所以它们蕴藏的能量也是可观的。例如世界上最大的暖流——墨西哥洋流，在流经北欧时为 1 厘米长海岸线上提供的热量大约相当于燃烧 600 吨煤的热量。据估算，世界上可利用的海流能约为 0.5 亿千瓦。而且利用海流发电并不复杂。因此要海流作出贡献还是有利可图的事业，当然也是冒险的事业。把温度的差异作为海洋能源的想法倒是很奇妙。这就是海洋温差能，又叫海洋热能。由于海水是一种热容量很大的物质，海洋的体积又如此之大，所以海水容纳的热量是巨大的。这些热能主要来自太阳辐射，另外还有地球内部向海水放出的热量；海水中放射性物质的放热；海流摩擦产生的热，以及其他天体的辐射能，但99.99%来自太阳辐射。因此，海水热能随着海域位置的不同而差别较大。海洋热能是电能的来源之一，可转换为电能的为20亿千瓦。但1881年法国科学家德尔松石首次大胆提出海水发电的设想竟被埋没了近半个世纪，直到1926年，他的学生克劳德才实现了老师的夙愿。

此外，在江河入海口，淡水与海水之间还存在着鲜为人知的盐度差能。全世界可利用的盐度差能约26亿千瓦，其能量甚至比温差能还要大。盐差能发电原理，实际上是利用浓溶液扩散到稀溶液中释放出的能量。由此可见，海洋中蕴藏着巨大的能量，只要海水不枯竭，其能量就生生不息。作为新能源，海洋能源已吸引了越来越多的人的兴趣。

知识点

蛋白质

蛋白质是与生命及与各种形式的生命活动紧密联系在一起的物质。机体中的每一个细胞和所有重要组成部分都有蛋白质参与。蛋白质占人体重量的16.3%，即一个60千克重的成年人其体内约有蛋白质9.8千克。人体内蛋白质的种类很多，性质、功能各异，但都是由20多种氨基酸按不同比例组合而成的，并在体内不断进行代谢与更新。

蛋白质是一种复杂的有机化合物，旧称"朊"。氨基酸是组成蛋白质的基本单位。食入的蛋白质在体内经过消化被水解成氨基酸被吸收后，重新合成人体所需蛋白质，同时新的蛋白质又在不断代谢与分解，时刻处于动态平衡中。因此，食物蛋白质的质和量、各种氨基酸的比例，关系到人体蛋白质合成的量，尤其是青少年的生长发育、孕产妇的优生优育、老年人的健康长寿，都与膳食中蛋白质的量有着密切的关系。

海洋的开发与利用

随着工业的发展，人类对矿产资源的需求量成倍地增长，陆地地壳中的矿产资源储量逐渐减少，有的趋向枯竭，丰富的海底矿产资源将成为21世纪工业原料的重要供应基地。

海底矿产资源十分丰富，从近岸海底到大洋深处，从海底表层到海底岩石以下几千米深处，无不有矿物分布。而且矿种繁多，从固体矿产到液体矿产和气体矿产均有。不少矿产其分布规模之大，储量之丰富是陆地所不及的。

开采海底石油

海底蕴藏着丰富的石油和天然气资源。据统计，世界近海海底已探明的石油可采储量为220亿吨，天然气储量为17万亿立方米，分别占世界石油和天然气探明总可储量的24%和23%。

海底有石油，这在过去是不好理解的。自从19世纪末海底发现石油以后，科学家研究了石油生成的理论。在中、新生代，海底板块和大陆板块相挤压，形成许多沉积盆地，在这些盆地形成几千米厚的沉积物。这些沉积物是海洋中的浮游生物的遗体（它们在特定的有利环境中大量繁殖），以及河流从陆地带来的有机质。这些沉积物被沉积的泥沙埋藏在海底，构造运动使盆地岩石变形，形成断块和背斜。伴随着构造运动而发生岩浆活动，产生大量热能，加速有机质转化为石油，并在圈闭中聚集和保存，成为现今的陆架油田。

我国沿海和各岛屿附近海域的海底，蕴藏有丰富的石油和天然气资源，是世界海洋油气资源丰富的国家之一。

渤海是我国第一个开发的海底油田。渤海大陆架是华北沉降堆积的中心，大部分发现的新生代沉积物厚达4000米，最厚达7000米。这是很厚的海陆交互层，周围陆上的大量有机质和泥沙沉积其中，渤海的沉积又是在新生代第三纪适于海洋生物繁殖的高温气候下进行

海上石油平台

的，这对油气的生成极为有利。由于断陷伴随褶皱，产生一系列的背斜带和构造带，形成各种类型的油气藏。东海大陆架宽广，沉积厚度大于200米。

南海大陆架，是一个很大的沉积盆地，新生代地层2000～3000米，有的达6000～7000米，具有良好的生油和储油岩系。生油岩层厚达1000～4000米，经初步估计，整个南海的石油地质储量大致有230～300亿吨，约占中国总资源量的1/3；天然气储量8000亿立方米，是世界海底石油的富集区，有"第二个波斯湾"之称。

海上石油资源开发利用，有着广阔的前景。但是，由于在海上寻找和开采石油的条件与在陆地上不同，技术手段要比陆地上的复杂一些，建设投资比陆地上的高，风险要比陆地上的大，因此，当今世界海洋石油开发活动，绝大多数国家采取了国际合作的方式。

我国为了加快海上石油资源开发，明确规定我国拥有石油资源的所有权和管辖权；合作区的海域和资源、产品属我国所有；合作区的海域和面积大小以及选择合作对象，都由我国决定等一系列维护我国主权和利益的条款。合理利用外资和技术，已成为加速海上石油资源开发的重要途径。

开采海底矿产

海洋矿产资源包括海滨、浅海、深海、大洋盆地和洋中脊底部的各类矿产资源。

按矿床成因和状况分为：

1. 沙矿。主要来源于陆上的岩矿碎屑，经河流、海水（包括海流与潮汐）、冰川和风的搬运与分选，最后在海滨或陆架区的最宜地段沉积富集而成。如沙金、沙铂、金刚石、沙锡与沙铁矿，以及钛铁石与锆石、金红石与独居石等共生复合型沙矿。

2. 海底自生矿产。由化

世界大洋海底石油和锰结核分布
1:280 000 000

·海底石油分布　■海底锰结核分布　●中国多金属结核资源矿区

海底矿产

学、生物和热液作用等在海洋内生成的自然矿物，可直接形成或经过富集后形成。如磷灰石、海绿石、重晶石、海底锰结核及海底多金属热液矿（以锌、铜为主）。

3. 海底固结岩中的矿产。大多属于陆上矿床向海下的延伸，如海底油气资源、硫矿及煤等。

至今已发现海底蕴藏的多金属结核矿、磷矿、贵金属和稀有元素沙矿、硫化矿等矿产资源达6000亿吨。若把太平洋蕴藏的160多亿吨多金属结核矿开采出来，其镍可供全世界使用2万年，钴使用34万年，锰使用18万年，铜使用1000年。更为有趣的是，人们发现海底锰结核矿石（含锰、铁、钴、镍、钛、钒、锆、钼等多种金属）还在不断生长，它绝不会因为人类的开采而在将来消失。据美国科学家梅鲁估计，太平洋底的锰结核，以每年1000万吨左右的速度不断生长。假如每年仅从太平洋底新生长出来的锰结核中提取金属的。其中铜可供全世界用3年，钴可用4年，镍可以用1年。锰结核这一大洋深处的"宝石"，是世界上一种取之不尽、用之不竭的宝贵资源，是人类共同的财富。

海绿石

然而要从5千米深的大洋底部采取锰结核，也是一件很不容易的事，一定要有先进的技术才行。目前只有少数几个发达国家能够办到。我国从20世纪70年代中期开始进行大洋锰结核调查。1978年，"向阳红05号"海洋调查船在太平洋4000米水深海底首次捞获锰结核。此后，从事大洋锰结核勘探的中国海洋调查船还有"向阳红16号"、"向阳红09号"、"海洋04号"、"大洋1号"等。经多年调查勘探，在夏威夷西南，北纬7°~13°，西经138°~157°的太平洋中部海区，探明一块可采储量为20亿吨的富矿区。1991年3月，联合国海底管理局正式批准中国大洋矿产资源研究开发协会的申请，从而使中国得到15万平方千米的大洋锰结核矿产资源开发区。

海洋为人类的生存提供了极为丰富的宝贵资源，只要人类能合理地开发、利用，它将循环不息地为人类所用，取之不尽、用之不竭，是21世纪人类的重要资源供应地。

开辟海洋渔场

海洋渔场是鱼类和其他水生经济动物形成集群，可供捕捞的特定海域。海洋渔场的形成有两个条件：1. 必须是有密集的经济水生生物栖息回游的地方。2. 在该处能经营符合经济原则的渔业。海洋渔场按照鱼类习性分，有产卵渔场、索饵（育肥）渔场、越冬渔场。如果按照地理环境分，有大陆架（陆棚）上浅海渔场、寒暖两流潮境渔场、上升流域渔场、堆礁海岭渔场、感潮线（干满潮线）渔场。世界海洋渔场大部分集中于仅占海洋总面积7%的大陆架海域，其次是外海的海底高地、水下山脉和群岛或珊瑚礁附近海域。良好渔场既是经济水生物密集的地方，也是饵料生物大量繁殖之处，饵料生物对海洋渔场的形成最为重要。全世界有太平洋西北部、大西洋东北部、太平洋中西部、太平洋东南部、大西洋东南部等5大渔场。传统上北半球有开发较早的世界3大渔场：1. 欧洲西北渔场。指欧洲北海及其北部的北大西洋渔场，包括挪威、冰岛大陆架等，主要鱼类有鳕类、鲱、沙丁鱼、鲆、鲽类等。2. 美洲大西洋北部渔场。包括纽芬兰到新英格兰一带的海域。主要生产鳕、鲽、鲱、沙丁鱼、鲐等。3. 太平洋北部渔场。自中国沿岸经朝鲜、日本、堪察加周围海域，阿留申南北海域到加拿大、美国西岸海域。主要渔获物有带鱼、鳓鱼、大黄鱼、小黄鱼、竹荚鱼、鲐、鳕、狭鳕、银鳕、大马哈鱼、鳟、鲆、鲽等。这三大渔场资源已充分开发利用，有的资源已下降，国际间已为保护渔业资源采取计划渔业政策。各渔业国已

东海的渔船

逐步转向开发南半球的澳大利亚渔场、新西兰渔场、阿根廷外海渔场和南极渔场。

渤海是中国的内海，黄海、东海和南海都属西太平洋的陆缘海。渤海和黄海都位于大陆架上，东海和南海北部的大陆架面积分别占其海域面积的74%和10.7%，南海南部的西沙群岛和南沙群岛也多在大陆架区域。这些大陆架分别地处温带、亚热带和热带海域，既有大陆河川的大量径流注入，又受大陆沿岸流和黑潮暖流盛衰交汇影响，海洋理化环境优越，饵料生物资源丰富，适合不少种捕捞生物繁殖、生长、栖息、越冬，成为海洋捕捞作业的好渔场。中国的海洋渔场一般按作业水域分为：①沿岸渔场。位于潮间带外水深40米以内，距岸较近，捕捞规模较小（定置网具和小型流动渔具）。②近海渔场。一般位于水深2千米以内海域，是中国海洋捕捞的主要作业场所，因海区不同有潮隔涡流或上升流形成的渔场，也有海礁水流形成的渔场。③远洋渔场。远离本国基地到公海或别国近海捕捞作业的渔场。中国自北而南近海著名的渔场，如按海区分，有渤海渔场，烟威渔场，海洋岛渔场，石岛渔场，海州湾渔场，吕四洋渔场，大沙渔场，长江口渔场，舟山渔场，鱼山渔场，闽东、闽中和闽南渔场，台湾浅滩渔场，北部湾渔场，粤东、粤西渔场，南沙、西沙、东沙渔场等等。如按捕捞对象的种类和作业方式分，著名的有渤海的对虾渔场、真鲷渔场、毛虾渔场，黄海的鲼鲼渔场，太平洋的鲜渔场、鳍渔场，东海的大黄鱼渔场、带鱼渔场、乌贼渔场、马面鲀渔场，南海的北部湾拖网渔场，南沙、西沙、东沙的拖、钓鱼场等。

发展海水养殖

海水养殖是利用浅海、滩涂、港湾等国土水域资源进行饲养和繁殖海产经济动植物的生产，是人类定向利用海洋生物资源、发展海洋水产业的重要途径之一。

养殖的对象主要是鱼类、虾蟹类、贝类和藻类等。海水养殖是水产业的重要组成部分。中国海水养殖历史悠久，早在汉代之前，就进行牡蛎养殖，宋代发明了养殖珍珠法。中华人民共和国成立后，中国海水养殖发展迅速，海带、鲼贝和对虾等主要经济品种的发展尤为突出，带动了沿海经济的发展，成为沿海地区的支柱产业。按照国际统计标准计算，目前中国已经成为海水养殖第一大国。目前，中国海水养殖已经形成大规模生产的经济品种，鱼类有梭鱼、鲻鱼、尼罗罗非鱼、真鲷、黑鲷、石斑鱼、鲈鱼、牙鲆、河豚等；虾类有中国对虾、斑节对虾、长毛对虾、墨吉对虾和日本对虾等；蟹类有锯缘青蟹、梭子蟹等；贝类有贻贝、扇贝、牡蛎、蚶、缢蛏、文蛤、杂色蛤仔和鲍鱼等；藻类有海带、紫菜、裙带菜、石花菜、江蓠和麒麟菜等。

海水养殖的优点是：集中发展某些经济价值较高的鱼类、虾类、贝类及棘皮动物（如刺参）等，生产周期较短，单位面积产量较高。按养殖对象分为鱼类、虾类、贝类、藻类和海珍品等海水养殖，其中，以贝、藻类海水养殖发展较快，虾、鱼类、海珍品养殖较薄弱。按空间分布分为海涂、港湾和浅海等海水养殖。按集约程度分为粗养（包括护养、管养）、半精养和精养，以粗养为主。

按养殖方式分为单养、混养和间养（如海带与贝类间养）等。中国海水养殖历史较悠久，如珍珠贝养殖最先始于中国，合浦、北海、东兴被誉为"珍珠故乡"，而湛江则被誉为"南珠的故乡"。世界海水养殖业目前基础较薄弱，但发展潜力大。如海涂、港湾、内海、浅海等均可发展人工放流、人工鱼礁、网箱等养殖。20 世纪 70 年代以来，因传统近海渔业资源出现衰退，许多沿海国家相继宣布实施 200 海里经济区和专属渔区，促使海水养殖业发展较快，尤以日、美、挪等国为突出。中国近 10 年来海水养殖业有显著发展，截至 2008 年，海水养殖在海洋渔业产量中的比重，已由 1986 年的 18% 提高到 27.4%。

海水养殖包括：

利用海水对鱼、虾、蟹、贝、珍珠、藻类等水生动植物的养殖；

水产养殖场对各种海水动物幼苗的繁殖；

紫菜和食用海藻的种植；

海洋滩涂的养殖。

利用水资源

对海水资源的开发利用，是解决沿海和西部苦咸水地区淡水危机和资源短缺问题的重要措施，是实现国民经济可持续发展战略的重要保证。

海水淡化是开发新水源、解决沿海地区淡水资源紧缺的重要途径。

　　海水淡化是从海水中获取淡水的技术和过程。海水淡化方法在 20 世纪 30 年代主要是采用多效蒸发法；20 世纪 50 年代至 80 年代中期主要是多级闪蒸法（MSF），至今利用该方法淡化水量仍占相当大的比重；20 世纪 50 年代中期的电渗析法（ED）、20 世纪 70 年代的反渗透法（RO）和低温多效蒸发法（LT—MED）逐步发展起来，特别是反渗透法（RO）海水淡化已成为目前发展速度最快的技术。

　　据国际脱盐协会统计，截至 2001 年底，全世界海水淡化水日产量已达 3250 万立方米，解决了 1 亿多人口的供水问题。这些海水淡化水还可用作优质锅炉补水或优质生产工艺用水，可为沿海地区提供稳定可靠的淡水。国际海水淡化的售水价格已从 20 世纪 60 ~ 70 年代的每立方米 2 美元降到目前不足 0.7 美元的水平，接近或低于国际上一些城市的自来水价格。随着技术进步导致的成本进一步降低，海水淡化的经济合理性将更加明显，并作为可持续开发淡水资源的手段将引起国际社会越来越多的关注。

　　我国反渗透海水淡化技术研究历经"七五"、"八五"、"九五"攻关，在海水淡化与反渗透膜研制方面取得了很大进展。现已建成反渗透海水淡化项目 13 个，总产水能力日产近 1 万立方米。目前，我国正在实施万吨级反渗透海水淡化示范工程和海水膜组器产业化项目。

　　蒸馏法是海水淡化的一项主要技术，对蒸馏法的研究已有几十年的历史。天津大港电厂引进 2 台 3000 立方米/日多级闪蒸海水淡化装置，于 1990 年运转至今，积累了大量宝贵经验。低温多效蒸馏海水淡化技术经过"九五"科技攻关，作为"十五"国家重大科技攻关项目正在青岛建立 3000 吨/日的示范工程。

　　海水直接利用，是直接替代淡水、解决沿海地区淡水资源紧缺的重要措施。

　　海水直接利用技术，是以海水直接代替淡水作为工业用水和生活用水等相关技术的总称。包括海水冷却、海水脱硫、海水回注采油、海水冲厕和海水冲灰、洗涤、消防、制冰、印染等。

　　海水直流冷却技术已有近百年的发展历史，有关防腐和防海洋生物附着技术已基本成熟。我国海水冷却水用量每年不超过 141 亿立方米，而日本每年约为 3000 亿立方米，美国每年约为 1000 亿立方米，差距很大。

海水循环冷却技术始于 20 世纪 70 年代，在美国等国家已大规模应用，是海水冷却技术的主要发展方向之一。我国经过"八五""九五"科技攻关，完成了百吨级工业化试验，在海水缓蚀剂、阻垢分散剂、菌藻杀生剂和海水冷却塔等关键技术上取得重大突破。"十五"期间，通过实施国家重大科技攻关项目，正在建立千吨级和万吨级海水循环冷却示范工程。

海水脱硫技术于 20 世纪 70 年代开始出现，是利用天然海水脱除烟气中二氧化硫的一种湿式烟气脱硫方法。具有投资少、脱硫效率高、利用率高、运行费用低和环境友好等优点，可广泛应用于沿海电力、化工、重工等企业，环境和经济效益显著。拥有自主知识产权的海水脱硫产业化技术亟待开发。

海水冲厕技术 20 世纪 50 年代末期始于我国香港地区，形成了一套完整的处理系统和管理体系。"九五"期间，我国对大生活用海水（海水冲厕）的后处理技术进行了研究，有关示范工程已经列入"十五"国家重大科技攻关技术，正在青岛组织实施。

海水化学资源综合利用，是形成产业链、实现资源综合利用和社会可持续发展的体现。

海水化学资源综合利用技术，是从海水中提取各种化学元素（化学品）及其深加工技术。主要包括海水制盐、苦卤化工，提取钾、镁、溴、硝、锂、铀及其深加工等，现在已逐步向海洋精细化工方向发展。

我国经过"七五"、"八五"、"九五"科技攻关，在天然沸石法海水和卤水直接提取钾盐、制盐卤水提取系列镁肥、高效低毒农药二溴磷研制、含溴精细化工产品及无机功能材料硼酸镁晶须研制等技术已取得突破性进展。"十五"期间开展海水直接提取钾盐产业化技术、气态膜法海水卤水提取溴素及有关深加工技术的研究与开发。

利用海水淡化、海水冷却排放的浓缩海水，开展海水化学资源综合利用，形成海水淡化、海水冷却和海水化学资源综合利用产业链，是实现资源综合利用和社会可持续发展的根本体现。

海洋能源的开发

因月球引力的变化引起潮汐现象，潮汐导致海水平面周期性地升降，因海水涨落及潮水流动所产生的能量成为潮汐能。潮汐能是以势能形态出现的海洋能，是指海水潮涨和潮落形成的水的势能与动能。

海洋的潮汐中蕴藏着巨大的能量。在涨潮的过程中，汹涌而来的海水具有很大的动能，而随着海水水位的升高，就把海水的巨大动能转化为势能；在落潮的过程中，海水奔腾而去，水位逐渐降低，势能又转化为动能。潮汐能的能量与潮量和潮差成正比。或者说，与潮差的平方和水库的面积成正比。和水利发电相比，潮汐能的能量密度低，相当于微水头发电的水平。世界上潮差的较大值为 13～15 米，但一般说来，平均潮差在 3 米以上就有实际应用价值。潮汐能是因地而异的，不同的地区常常有不同的潮汐系统，它们都是从深海潮波获取能量，但具有各自独有的特征。景观很复杂，但对于任何地方的潮汐都可以进行准确预报。

潮汐能的利用方式主要是发电。潮汐发电是利用海湾、河口等有利地形，建筑水堤，形成水库，以便于大量蓄积海水，并在坝中或坝旁建造水利发电厂房，通过水轮发电机组进行发电。只有出现大潮，能量集中时，并且在地理条件适于建造潮汐电站的地方，从潮汐中提取能量才有可能。虽然这样的场所并不是到处都有，但世界各国都已选定了相当数量的适宜开发潮汐电站的站址。

发展像潮汐能这样的新能源，可以间接使大气中的二氧化碳含量的增加速度减慢。潮汐是一种世界性的海平面周期性变化的现象，由于受月亮和太阳这两个万有引力源的作用，海平面每昼夜有两次涨落。潮汐作为一种自然现象，为人类的航海、捕捞和晒盐提供了方便，更值得指出的是，它还可以转变成电能，给人类带来光明和动力。

海水温差能是指涵养表层海水和深层海水之间水温差的热能，是海洋能的一种重要形式。海洋的表面把太阳的辐射能大部分转化为热水并储存在海洋的上层。另一方面，接近冰点的海水大面积地在不到 1000 米的深度从

潮汐发电原理图

极地缓慢地流向赤道。这样，就在许多热带或亚热带海域终年形成20℃以上的垂直海水温差。利用这一温差可以实现热力循环并发电。

温差发电的基本原理就是借助一种工作介质，使表层海水中的热能向深层冷水中转移，从而做功发电。海洋温差能发电主要采用开式和闭式两种循环系统。

波浪能发电是通过波浪能装置将波浪能首先转换为机械能（液压能），然后再转换成电能。这一技术兴起于20世纪80年代初，西方海洋大国利用新技术优势纷纷展开实验。

波浪能具有能量密度高、分布面广等优点。它是一种取之不竭的可再生清洁能源。尤其是在能源消耗较大的冬季，可以利用的波浪能能量也最大。小功率的波浪能发电，已在导航浮标、灯塔等获得推广应用。我国有广阔的海洋资源，波浪能的理论存储量为7000万千瓦左右，沿海波浪能能流密度大约为2~7千瓦/米。在能流密度高的地方，每一米海岸线外波浪的能流就足以为20个家庭提供照明。

知识点

锰结核

锰结核广泛地分布于世界海洋2000~6000米水深海底的表层，锰结核总储量估计在3万亿吨以上。其中以北太平洋分布面积最广，储量占一半以上，约为1.7万亿吨。锰结核密集的地方，每平方米面积上就有100多千克，简直是一个挨一个铺满海底。

锰结核中50%以上是氧化铁和氧化锰，还含有镍、铜、钴、钼、钛等20多种元素。仅就太平洋底的储量而论，这种锰结核中含锰4000亿吨、镍164亿吨、铜88亿吨、钴98亿吨，其金属资源相当于陆地上总储量的几百倍甚至上千倍。如果按照目前世界金属消耗水平计算，铜可供应600年，镍可供应1.5万年，锰可供应2.4万年，钴可满足人类13万年的需要。最令人可喜的是，这种结核增长很快，每年以1000万吨的速度在不断堆积，因此，锰结核将成为一种人类取之不尽的"自生矿物"。

令人担忧的现状

LINGREN DANYOU DE XIANZHUANG

　　海洋污染通常是指人类改变了海洋的原来状态，使海洋生态系统遭到破坏，有害物质进入海洋环境而造成的损害。

　　由于海洋的特殊性，海洋污染与大气、陆地污染有很多不同，其突出的特点：①污染源广。不仅人类在海洋的活动可以污染海洋，而且人类在陆地和其他活动方面所产生的污染物，也将通过江河径流、大气扩散和雨雪等降水形式，最终都将汇入海洋。②持续性强。海洋是地球上地势最低的区域，一旦污染物进入海洋后，很难再转移出去，不能溶解和不易分解的物质在海洋中越积越多，往往通过生物的浓缩作用和食物链传递，对人类造成潜在威胁。③扩散范围广。全球海洋是相互连通的一个整体，一个海域污染了，往往会扩散到周边，甚至有的后期效应还会波及全球。④防治难、危害大。海洋污染有很长的积累过程，不易及时发现，一旦形成污染，需要长期治理才能消除影响，且治理费用大，造成的危害会影响到各方面，特别是对人体产生的毒害，更是难以彻底清除干净。

工业废水污染

随着我国的改革开放政策的不断深入人心，市场经济的逐步完善，沿海居民对滩涂养殖利用面积正逐年扩大。从养鱼、养虾、养蟹，到养殖更有经济价值、更珍奇的水生动植物，这些养殖业的发展带动了水产市场的繁荣，丰富了人民群众的饮食生活，提高了饮食水平，增加了养殖户的经济收入，给一部分人创造就业机会。可是，近几年来，在我国沿海时常发生海水赤潮等海水变质现象。那是什么原因造成的呢？除气候因素外，再就是人为因素所造成的。除前面所述的两种原因以外，还有一种非常重要的原因，就是陆地工厂对海洋的污染。陆地工厂对海洋的污染主要表现在：（一）与海相通的河流两岸的造纸厂、化工厂等利用河道排放污水而流入海洋。（二）含有污染物质的工业垃圾、生活垃圾倾倒河岸或河道，随河水或涨落潮流入海洋。如2001年天津海事法院受理的河北省乐亭县19家养殖户状告河北省迁安市书画纸业有限公司等五单位滩涂污染损害赔偿纠纷一案，就是典型的陆地工厂利用通海河道排污造成海洋污染的案例。本案19位原告都是在河北省乐亭县王滩镇小河子（滦河）入海口两岸对虾和滩涂贝类养殖区从事日本对虾和青蛤养殖。滦河位于河北省承德市和唐山市境内，从承德流经唐山地区的迁西、迁安、滦县、滦南、乐亭，于乐亭县姜各庄入海。滦河在滦县响螳分流，进入乐亭中部的支流最终流入小河子，在王滩镇新海庄入海，在小河子入海口两岸有上万亩虾池及滩涂贝类养殖区。2001年4月下旬至5月中旬，因滦河上游排放污水造成在小河子入海口两岸部分渔业水域污染而引起养殖对虾和滩涂贝类死亡事故。事故造成小河子入海口两岸受污染水域的养殖面积共计7056.15亩，其中对虾养殖水面面积6561.15亩，滩涂贝类养殖面积495亩。5月30日调查人员对小河子闸养殖区的对虾和滩涂贝类死亡现场进行调查，结果发现67.96%的青蛤死亡，日本对虾的平均死亡率为51%。造成本次事故的原因系唐山市滦河沿岸工矿企业向滦河排放未经达标处理的污水所致。

2005年，河北省海域未达到清洁海域水质标准的面积约1176平方千米，其中，中度污染海域111平方千米，严重污染海域97平方千米，其余为轻度污染。重点排污口附近海域污染严重，在监测的 31 个入海排污口中，多数存在超标排放现象，大部分排海污水指标不符合海洋功能区的水质要求。海洋生物资源呈现不同程度的衰退趋势，鱼类回游的产卵场和索饵场遭到一定程度的破坏，经济鱼类明显减少且出现小型化、幼龄化。近岸海域海洋生态系统处于亚健康状态，主要表现为生存环境丧失或改变、生物群落结构异常。

由于大量污染物超标超量入海，导致近年来河北省海域赤潮频发，2001年以来发生赤潮 18 次，对海洋生态环境和养殖业造成了危害。

知识点

水俣病

1950 年，有大量的海鱼成群在水俣湾海面游泳，任人网捕，海面上常见死鱼、海鸟尸体，水俣市的渔获量开始锐减。1952 年，水俣当地许多猫只出现不寻常现象，走路颠颠跌跌，甚至发足狂奔，当地居民称"跳舞病"，1953年 1 月有猫发疯跳海自杀，但当时尚未引起注意，一年内投海自杀的猫总数达 5 万多只。接着，狗、猪也发生了类似的发疯情形。1956 年 4 月 21 日，人类亦被确认发生同样的症例，来自入江村的小女孩田中静子成为第一位患病者，被送至窒素公司附属医院，病况急速恶化，一个月后双眼失明，全身性痉挛，不久死亡。死者两岁的妹妹也罹患相同的病症，不久又发现许多村民都有问题。这些人开始只是口齿不清，走路不稳，最后高声大叫而死。细川认为事态严重，向官方提出正式报告。当中的患者多为渔民家庭出身，1956年 8 月日本学者发现水俣湾海水中有污染物质，研究人员侦察的矛头指向窒素公司。这种怪病被称为"水俣病"。

农药污染

农药污染也是沿海污染的重要来源，含汞、铜等重金属的农药和有机磷农药、有机氯农药等，毒性都很强。它们经雨水的冲刷、河流及大气的搬运最终进入海洋，能抑制海藻的光合作用，使鱼、贝类的繁殖力衰退，降低海洋生产力，导致海洋生态失调，还能通过鱼、贝类等海产品进入人体，危害人类健康。

农药及其降解产物（如 DDT 的降解产物 DDD、DDE）在海洋环境中造成的污染。其危害程度按其数量、毒性及化学稳定性有很大的差异。

污染海洋的农药可分为无机和有机两类，前者包括无机汞、无机砷、无机铅等重金属农药，其污染性质相似于重金属；后者包括有机氯、有机磷和有机氮等农药。有机磷和有机氮农药因其化学性质不稳定，易在海洋环境中分解，仅在河口等局部水域造成短期污染。从 20 世纪 40 年代开始使用的有机氯农药（主要是 DDT 和六六六），是污染海洋的主要农药。据美国科学院 1971 年的估计，每年进入海洋环境的 DDT 达 2.4 万吨，该值为当时世界 DDT 年产量的 1/4。

工业上广泛应用于绝缘油、热载体、润滑油以及多种工业产品添加剂的多氯联苯（PCB）和有机氯农药一样，都是人工合成的长效有机氯化合物（按其化学结构可统称为卤代烃或氯化烃），由于它们在化学结构、化学性质方面有许多近似处，所以它们对海洋环境的污染通常放在一起研究。20 世纪 60 年代末，各国认识到 PCB 对环境的危害，纷纷停止或降低 PCB 的生产和应用。

有机氯农药和 PCB 主要通过大气转移、雨雪沉降和江河径流等携带进入海洋环境，其中大气输送是主要途径，因此即使在远离使用地区的雨水中，也有有机氯农药和 PCB 的踪迹。如南极的冰雪、土壤、湖泊和企鹅体内都检出过残留有机氯农药和 PCB。进入海洋环境的有机氯农药，特别容易聚积在海洋表面的微表层内。据苏联国立海洋研究所 1976 年在北大西洋东北部的观测，DDT 及其降解物 DDD 在微表层的含量为 90 纳克/升，而水下的含量为 5 纳克/升。据美国对大西洋东部的测定，在表层水中 PCB 的含量比 DDT 含量高 20～30 倍。海洋微表层中的 DDT 受到光化学作用发生降解，其速度受阳光、湿度、温度等环境条件的制约。在热带气候条件下，降解速率一般较高。沉积于海洋沉积物中的 PCB 和 DDT 在微生物作用下会发生降解作用，但速率相当缓慢。人们认为，PCB 的稳定性比 DDT 高。DDT 的降解中间产物 DDE 比 DDT 挥发性高，持久性也更长，对环境的危害更大。沉降到沉积物中的 DDT 和 PCB 会缓慢地释放入水体，造成水体的持续污染。

DDT 和 PCB 进入生物体内主要是通过生物对它们的吸附和吸收，以及摄食含有 DDT 的饵料生物或碎屑物质。动物体中 DDT 的残留量反映了吸收与代谢间的动态平衡。不同种生物对 DDT 积累和代谢各不相同，牡蛎和蛤仔等软体动物对 DDT 的富集因子可达 2000（富集因子是生物体中的浓度除以环境介质中的浓度值），而甲壳类和鱼类的富集因子则为 10 微克/升。

海水中 DDT 浓度一般低于 1 微克/升，近岸水体高于大洋水体。近岸海域鱼体中的 DDT 浓度高于外海同类鱼类，达 0.01～10 毫克/千克（湿重）。鱼类不同器官中 DDT 残留量的浓度各不相同，其中以脂肪中的含量最高。摄食鱼类的海鸟 DDT 残留量最高，摄食淡水及河口区鱼类的鸟类，DDT 残留量高于摄食大洋鱼类的鸟类。

PCB 对生物的毒害作用与其异构体的氯原子数有关。氯原子越少，毒性越大，在食物链中的蓄积程度越高。PCB 对虹鳟的 10 天致死浓度是 38～326 微克/升，20 天的半致死浓度为 6.4～49 微克/升。无脊椎动物对于 PCB 要比鱼类敏感，幼体比成体敏感。PCB 对生物的危害作用包括致死、阻碍生长、损害生殖能力和导致鱼类甲状腺功能亢进和对外界环境变化及疾病抵抗力的下降等。PCB 会导致哺乳动物性功能紊乱，波罗的海和瓦登海海豹的繁殖失败同其体内高浓度 PCB 直接相关。

PCB 在生物体中的积累与其脂溶性和对酶降解的抗力成正比，而与其水溶性成反比。生物体对 PCB 的主要代谢过程是羟基化，即将 PCB 转化为水溶状的酚类化合物后排出体外。羟基化速率取决于酶（肝微粒体混合功能氧化酶）的活性。鱼体中这种酶的数量大大低于哺乳动物，并随 PCB 的氯化作用的提高而降低。

DDT 及其代谢产物对海洋生物有明显的影响。比如，干扰海鸟的钙代谢使蛋壳变薄，降低孵化率；0.1ppb 浓度的 DDT 就会抑制某些海洋单细胞藻类的光合作用；0.2ppb 浓度的 DDT 即能杀死某些种类的浮游动物或幼鱼。

▶▶▶ 知识点

餐桌上为何难觅真海蜇

过去穷苦的沿海渔民，在家里实在揭不开锅时，即以海蜇充饥。

不知从何时起，平常的海蜇，摇身一变浑身金贵起来，成了高档次宴席的"山珍海味"了。现在市面上人们更多见到的是人工海蜇，这些所谓的海蜇，无论从外观还是口味上，与真海蜇相差很远。只要看一眼，尝一口，真假便知。正因如此，许许多多普通人便与海蜇无缘相见。

是什么原因造成这种情况呢？原来，随着沿海工农业的发展，特别近年来农药的大量使用，致使大量的废水通过不同的途径，直接或间接流入大海。其中有许多未经处理的有毒物质，使海洋沿岸污染在有些地方日趋严重。在有些海域，海水的自净能力几乎丧失殆尽，赤潮发生频繁，出现了海水富营养现象，由于缺氧，鱼类大量死亡。

采挖矿产的污染与危害

无序采矿的危害

2006年12月5日，广州召开南海区海域使用海沙开采管理工作会议，会上一个非常重要的议题就是，南海区海域存严重的乱采乱挖海沙现象。

据国家海洋局南海分局提供的材料指出，许多沿海地区没有按照国土资源部《关于加强海沙开采管理的通知》和国家海洋局《海沙开采使用海域论证管理暂行办法》及有关法律法规执行。有的地方在海港附近海域采矿挖沙，结果改变了水动力环境，导致了港口的淤积；有的海湾未能及时管理，致使陆地污染物不合理排放，造成污染增加，损害了海洋的生态环境；有的沿岸各涉海产业争相乱挖乱采、抢用海域，交通、水产部门用海交叉重叠，养殖占用锚地和航道；有的地方甚至将沿海海滩、海域视为集体所有，擅自转让、出租等等。

有专家介绍，海沙的无序无度开采主要危害是造成海滩后退、海岸侵蚀、海水倒灌，严重危及沿岸地区的耕地和淡水资源、滨海旅游资源和港口资源，降低沿海的抗风能力，破坏海底沉积和生态环境，同时还可能导致海洋生物因生存环境的改变而引起的迁徙和大量死亡。

海沙开采威胁环境

2008年4月，汕尾捷捷胜镇三个滨海村庄的数千村民在短短几年里，眼睁睁看数十千米海岸线上失去了上百米宽的海滩，一个防御台风、海潮的天然屏障，正在悄然快速地消失。

十多年盗采的"恶果"已触目惊心：沙滩以每年20米的速度消失，近岸千亩防护林毁坏近半，每年百万吨海沙被盗采。盗沙祸及的，还有被海滩退缩"吃"掉的建筑设施和公路、成批死亡的鲍鱼、咸潮淹没的良田、严重破坏的海洋生态、地形地貌和水文。

汕尾市捷胜镇海域，许多船舶车辆非法盗采、盗挖海沙，十多年来屡禁不止，抽沙船从下午到翌日上午通宵采沙，每晚往返码头卸沙四五次，这些沙船均为"三无"（无舷号、无标志、无采挖许可证）船只，排水量在千吨左右，平时停泊在汕尾港，盗采的海沙也运至汕尾港卸载，由两三个大型沙场囤积销售。

捷胜是当地一座古镇，2001年，广东省政府批准在此建立了65平方千米的保护区，要求当地政府和群众保持保护区内地形地貌，任何单位和个人不得在保护区内私自开发。该保护区负责人告诉记者，近几年海沙盗采愈演愈烈，"刚来时，这里还有大片的开阔海滩，现在几乎消失殆尽，海岸沿线也已面目全非"。保护区旁的牛肚、东坑、沙坑，是最滨海的三个村庄，受盗沙之害也最深。村民介绍"海上采，陆上挖，这些年几乎没停过"，陆上盗挖主要在沿海防护林一线地域，海上主要分布在保护区及其周边海域。2007年开始，非法采沙变本加厉，海陆轮番盗采。

在保护区有一座四层办公楼旁，该楼2004年前建成时，距海水也有

海滩退缩百余米

150 米的沙滩，到 2008 年已不足 20 米，楼房墙角前年被海浪淘空，保护区请来专家现场勘察后，修了段护楼基的防浪堤。但这不过是权宜之计，防浪堤曾被海浪冲毁，多次出现重大险情，按目前的退缩速度，一旦该区域遭受到台风袭击，楼及周边建筑将直接受到海潮威胁，如果遭遇台风正面袭击，保护区的工作、生活区有被冲毁的危险。

盗采造成的大量海沙流失，已使保护区周边约 15 千米海岸线原有地形地貌受到严重破坏。2005～2008 年，保护区近岸沙滩以年均约 20 米的速度退缩，区内沙角尾 7 千米沿岸沙滩年均退缩约 50 米，个别地段超过 80 米，多数地段形成"断壁式"的陡坡。

在保护区海边两三米高的陡坡随处可见，据称这些都是海滩退缩后被海水冲刷塌陷的。保护区曾多次组织向内陆搬迁后移，但仍有许多滩头设施装备、建筑物被海浪冲毁或掩埋，"原来岸边有两条往来道路，也被冲得没影了"。

盗沙船

捷胜镇海边居民以农、渔和养殖业为主，多年来，天然海滩一直是防御海潮、台风来袭的天然屏障。2006 年台风"珍珠"登陆时，因屏障消失，海潮冲进沙坑村，淹了数百亩水田，致使颗粒无收。一旦遇到强台风正面登陆，海水倒灌，后果不堪设想。

海洋专家分析，如此盗采海沙资源，破坏了海底沉积层和海底生态系统，使海水中的悬浮物质大量增加，会导致海洋生物大量死亡。海岸线附近的大量盗采，造成沙滩后退，海岸侵蚀，海水倒灌，严重破坏了沿岸地区的耕地、淡水资源和港口资源，降低了堤岸的抗风浪能力，直接威胁到滨海居民的生产和生活。

用这些海沙建筑的楼房使用寿命只有 5～10 年，有关专家称，海沙内含有氯离子，能与钢筋混凝土中的钢筋起化学反应，严重腐蚀钢筋，导致建筑物结构的破坏，使建筑的使用寿命由大大降低，严重威胁到楼房内居民的安全。

随着海洋经济的快速发展，国内外沙矿市场的需求上升，海沙资源大省福建近年来非法开采海沙活动日益猖獗。无度、无序、无偿的采沙活动严重破坏了海洋资源与环境。

国家海洋局第三海洋研究所对福建兴化湾、湄洲湾、平海湾的海沙资源和海沙开采影响的监测和调查结果显示，非法海沙开采活动已经造成该海域海沙资源量严重衰退，海底地貌和水动力严重改变，并造成海岸坍塌、退缩、下陷及原生海洋生物物种的变化。

由于长期非法开采海沙，泉州湾海域的鱼类洄游路线、水质已受到严重破坏。以前可见的白海豚现在因洄游路线的破坏而难觅踪迹；另外，当地渔民用于养殖牡蛎的石柱也因为海沙的挖取而根基松动导致坍塌，渔民损失惨重。

海沙盗采危及海堤

2005 年 11 月在江苏省连云港市连云区烧香河北闸附近的海岸边，大批的海沙被偷挖盗采。细腻、金黄的海沙遭受掠夺性开采令人触目惊心。

走进连云区烧香河北闸西侧的海岸边，首先映入眼帘的是海沙被猖獗盗采后留下的痕迹。挖采后的一些坑里的海沙已经不翼而飞，只留下一些拆断的芦苇和石块。

过去这一带的海岸边海沙十分丰富，成为当地海岸边的一道风景。但是由于经常有人盗采，致使海沙大量流失，生态环境受到严重破坏。据了解，从海堤向东南的一些地方，也经常出现盗采海沙现象。如果在海堤附近过度盗采海沙，有可能导

盗采痕迹

致海堤崩塌、下陷、根基不稳等危险迹象，给海堤造成险情。

海洋热污染

海洋热污染概述

海洋热污染是水温异常升高的一种污染现象。天然水水温随季节、天气和气温而变化。当水温超过33℃～35℃时，大多数水生物不能生存。水体急剧升温，常是热污染引起的。

水体热污染主要来自工业冷却水。首先是动力工业，其次是冶金、化工、造纸、纺织和机械制造等工业，将热水排入水体，使水温上升，水质恶化。根据美国统计，动力工业冷却水排放量占全国工业的冷却水总排放量的80%以上。一个装机100万千瓦的火电厂，冷却水排放量约为30～50立方米/秒；装机相同的核电站，排水量较火电厂约增加50%。年产30万吨的合成氨厂，每小时约排出22000立方米的冷却水。

水体增温显著地改变了水生物的习性、活动规律和代谢强度，从而影响到水生物的分布和生长繁殖。增温幅度过大和升温过快，对水生物有致命的危险。

水体增温加速了水生态系统的演替或破坏。硅藻在20℃的水中为优势种；水温32℃时，绿藻为优势种；37℃时，只有蓝藻才能生长。鱼类种群也有类似变化。对狭温性鱼类来说，在10℃～15℃时，冷水性鱼类为优势种群；超过20℃时，温水性鱼类为优势种群；当水温为25℃～30℃时，热水性鱼类为优势种群。水温超过33℃～35℃时，绝大多数鱼类不能生存。水生物种群之间的演替，以食物链（网）相联结，升温促使某些生物提前或推迟发育，导致以此为食的其他种生物因得不到充足食料而死亡。食物链中断可能使生态系统组成发生变化，甚至破坏。

水体升温加速了水及底泥中有机物的物生降解和营养元素的循环，藻类因而过度生长繁殖，导致水体富营养化；有机物降解又加速了水中溶解氧消耗。

　　某些有毒物质的毒性随水温上升而加强。例如，水温升高10℃，氰化物毒性就增强1倍；而生物对毒物的抗性，则随水温的上升而下降。

　　水体热污染区域可分为强增温带、适度增温带和弱增温带。热污染的有害效应一般局限在强增温带，对其他两带的不利影响较小，有时还产生有利效应。热污染对水体影响程度取决于热排放工业类型、排放量、受纳水体特点、季节和气象条件等。

　　各国对水热污染及其影响进行了多方面的研究，并制定了冷却水温度的排放标准。美国、俄罗斯等国按不同季节和水域，制定了冷却水温度的排放标准；德国以不同河流的最高允许增温幅度为依据，制定了冷却水温度排放标准；瑞士则以排热口与混合后的增温界限为最高允许值，确定排放标准。中国和其他一些国家尚未制定有关标准。

热污染对鱼类的危害

　　人类是温血动物，对于外界温度变化有良好的适应能力，而生活在水中的生物大多属于冷血动物，对于水温的改变非常敏感，忍受热污染的能力也非常有限。鱼类不断地洄游，一方面是为了觅食，另一方面也是为了寻求适温的环境。例如每年夏季，小管鱼类常洄游到台湾北部沿海；每年冬季，乌鱼常成群在台湾西岸沿海出现。这些都是鱼类寻求适温环境的行为。也就是因为水中生物对水温变化比较敏感，因此热污染在水中比在陆地上更容易造成生态环境的改变。

　　热污染提高水温对鱼类的影响如下。

　　1. 加快鱼类的新陈代谢率。

　　一般而言，水温每增加10℃，鱼的新陈代谢率就加倍，例如，25℃时新陈代谢为15℃时的2倍，35℃时则增至4倍。水温增加会使水中的溶氧量减少，而鱼类却因新陈代谢加快而需要更多的氧。因此水温增加到某一限度，鱼类便会死亡。每一种鱼的致命温度并不相同，例如北美洲一种褐色鳟鱼的致命水温为26℃，而小龙虾则可以忍受水温升至35℃才死亡。

　　2. 可能使鱼类停止繁殖。

　　鱼类都是在一小范围的适温环境产卵，水温增高，鱼类排卵的数目往往就会减少，有时甚至无法排卵。而且，水温增高也会影响卵的正常发育。比如说，一种大西洋的鲑鱼受精卵，在2℃的温度中需经114天的孵化，小鱼才出来；水温提高到7℃，孵化期就缩短为90天，太早孵出的未必是健康的小鱼。鱼的成长也会受到影响，水温再提高，受精卵甚至都无法孵化了。因此，在一个比较封闭的水体中，例如小湖或小溪，水温提高到某一限度，虽然没使成鱼立刻死亡，但可能使某些鱼终将绝迹。

3. 会减短鱼的寿命。

由于水温增高会缩短卵的孵化时间以及加速鱼的新陈代谢率，因此很容易推想鱼的寿命也会减短。例如北美洲一种淡水水蚤在8℃的水温中可活108天，但在28℃的水中只能活29天，鱼的寿命减短了，当然，就长不到它应有的长度与重量。

4. 可能破坏食物链。

所谓食物链就是：大鱼吃小鱼、青蛙；小鱼、青蛙则以蚊虫、小虾等等为食；蚊虫、小虾等则以水草、藻类等为食。上述四类生物死亡后氧化分解产生营养盐分，又可作为水草、藻类等的养料。如果热污染的结果造成其中一类生物的死亡，也可能使得以其为食的生物死亡，依此类推，这个生态系统就可能因此而受到破坏。

食物链

提高水温对其他水中生物的影响度，也与鱼类的相差不多。然而鱼类会游泳，如果海洋受到热污染，鱼类尚能避开受污染的地方，伤害会减少一些。但附着在海底的生物，例如珊瑚等，那就难逃一劫了。

核电厂与热污染

核能电厂利用核子反应产生热能发电时，不可能使热能百分之百转换为电力。多余的废热需要利用大量冷水带走，发电机才能运转。比如我国台湾地区四周环海，海水很容易取得，因此台湾的核能电厂都是建在海边，利用海水冷却，使用过后的海水水温提高了，又被排回海洋。

沿海水温上升

一般而言,排放温水有两种方式:1. 建一条排放管到离岸稍远处,在中层排放,以避免伤害到海底生物。由于高温的海水较轻,排放后往上浮而渐与上层海水混合,等至浮到海面,水温已降低许多,对海洋生态的影响便可降低。利用这种方式排放温水比较好,但所花的成本也较高。2. 在海边直接排放于海面,用这种方式省钱,但对海洋生态的影响也较大。到目前为止,台湾现有的三座核能电厂都是用第二种方式,在海边把温水排放于海面。

到 2008 年为止,在台湾北部沿海的核一、核二厂,排放的温水并未造成多大影响。南部核三厂的温排水却伤害了排水口附近浅处的珊瑚。造成南、北核能电厂的区别并非核三厂的冷却系统设计比核一、核二厂差,而是因为核三厂排水口附近刚好有很多生长良好的珊瑚,再加上当地海水的温度终年都比北部沿海的高 3℃ ~5℃。核三厂所在的南湾在台湾最南端,在冬季时黑潮支流流入台湾海峡,南湾海水主要来自黑潮。夏季时中国南海海水流入台湾海峡,此时南湾海水主要来自中国南海。这两种水团的水温都很高,南湾冬季表面水温仍达 24℃ 左右,夏季则常达 29℃,甚至更高。所以它能够忍受温升的空间就小多了,也因此核三厂的温排水对生态的影响特别引人注意。

珊瑚最适合在热带与亚热带的温暖海洋中生长,台湾气候属亚热带型,特别是南湾海域位在台湾最南端,海水温度全年都在 20℃ 以上,最适于珊瑚生长,而核三厂排水口附近又是珊瑚生长比较茂盛的地方。

根据调查,南湾已发现的珊瑚共有 179 种之多,这些珊瑚在 35℃ 的高温海水中便会死亡,如在 31℃ ~33℃ 的水温中,时间稍长,珊瑚便会白化,甚至死亡。

台湾电力公司早在 20 世纪 80 年代就开始建核三厂,有两部发电机。第一部于 20 世纪 80 年代初开始运转，冷却系统排出的温水水量不大，对排水口附近的珊瑚并无多大影响。到了 1987 年，两部机组开始稳定地同时发电。同年 7 月，部分排水口附近浅处珊瑚白化了。到了冬天，白化的珊瑚有些又重获生机，但到了来年夏天，珊瑚又白化了，而且面积有扩大的趋势。

"红色幽灵"赤潮

什么是赤潮

赤潮，被喻为"红色幽灵"，国际上也称其为"有害藻华"，赤潮又称红潮，是海洋生态系统中的一种异常现象。它是由海藻家族中的赤潮藻在特定环境条件下爆发性地增殖造成的。海藻是一个庞大的家族，除了一些大型海藻外，很多都是非常微小的植物，有的是单细胞植物。根据引发赤潮的生物种类和数量的不同，海水有时也呈现黄、绿、褐色等不同颜色。

赤潮发生后，除海水变成红色外，一是大量赤潮生物集聚于鱼类的鳃部，使鱼类因缺氧而窒息死亡。二是赤潮生物死亡后，藻体在分解过程中大量消耗水中的溶解氧，导致鱼类及其他海洋生物因缺氧死亡，同时还会释放出大量有害气体和毒素，严重污染海洋环境，使海洋的正常生态系统遭到严重的破坏。三是鱼类吞食大量有毒藻类。赤潮发生时，海水的 pH 值也会升高，黏稠度增加，非赤潮藻类的浮游生物会死亡、衰减；赤潮藻也因爆发性增殖、过度聚集而大量死亡。

赤潮是在特定环境条件下产生的，相关因素很多，但其中一个极其重要的因素是海洋

赤 潮

美国的赤潮

污染。大量含有各种有机物的废污水排入海水中，促使海水富营养化，这是赤潮藻类能够大量繁殖的重要物质基础，国内外大量研究表明，海洋浮游藻是引发赤潮的主要生物，在全世界4000多种海洋浮游藻中有260多种能形成赤潮，其中有70多种能产生毒素。它们分泌的毒素有些可直接导致海洋生物大量死亡，有些甚至可以通过食物链传递，造成人类食物中毒。

世界上已有30多个国家和地区不同程度地受到过赤潮的危害，日本是受害最严重的国家之一。近十几年来，由于海洋污染日益加剧，我国赤潮灾害也有加重的趋势，由分散的少数海域发展到成片海域，一些重要的养殖基地受害尤重。对赤潮的发生、危害予以研究和防治，涉及生物海洋学、化学海洋学、物理海洋学和环境海洋学等学科，是一项复杂的系统工程。

赤潮是在特定的环境条件下，海水中某些浮游植物、原生动物或细菌爆发性增殖或高度聚集而引起水体变色的一种有害生态现象。赤潮是一个历史沿用名，它并不一定都是红色，实际上是许多赤潮的统称。赤潮发生的原因、种类和数量的不同，水体会呈现不同的颜色，有红颜色或砖红颜色、绿色、黄色、棕色等。值得指出的是，某些赤潮生物（如膝沟藻、裸甲藻、梨甲藻等）引起赤潮有时并不引起海水呈现任何特别的颜色。

赤潮的严重危害

赤潮对海洋生态平衡的破坏

海洋是一种生物与环境、生物与生物之间相互依存、相互制约的复杂生态系统。系统中的物质循环、能量流动都是处于相对稳定、动态平衡的。当赤潮发生时这种平衡遭到干扰和破坏。在植物性赤潮发生初期，由于植物的光合作用，水体会出现高叶绿素 a、高溶解氧、高化学耗氧量。这种环境因素的改变，致使一些海洋生物不能正常生长、发育、繁殖，导致一些生物逃避甚至死亡，破坏了原有的生态平衡。

赤潮对海洋渔业和水产资源的破坏

赤潮破坏鱼、虾、贝类等资源的主要原因是：

（1）破坏渔场的饵料基础，造成渔业减产。

（2）赤潮生物的异常发制繁殖，可引起鱼、虾、贝等经济生物瓣机械堵塞，造成这些生物窒息而死。

近海赤潮

（3）赤潮后期，赤潮生物大量死亡，在细菌分解作用下，可造成环境严重缺氧或者产生硫化氢等有害物质，使海洋生物缺氧或中毒死亡。

（4）有些赤潮的体内或代谢产物中含有生物毒素，能直接毒死鱼、虾、贝类等生物。

赤潮对人类健康的危害

当人类为了一己之私肆无忌惮地对大海进行污染的时候，愤怒的大海同样也会通过赤潮对人类进行报复，破坏渔业生产，威胁人类健康，甚至夺人性命。

海洋浮游藻是引发赤潮的主要生物。赤潮藻中的"藻毒素"通过食物链，在贝类和鱼类的身体里累积，人类误食以后轻则中毒，重则死亡，人们又将赤潮毒素称为"贝类毒素"。

贝类毒素是目前已知的最毒的有机化合物。根据人体的中毒症状，又分为麻痹性贝毒（PSP）、腹泻性贝毒（DSP）、健忘性贝毒（ASP）、神经性贝毒（NSP）、西加鱼毒等许多种。近年来，还不断有新的毒素及其组分被发现。人们在今年的东海赤潮中发现了麻痹性贝毒,这种毒素以前仅 8~12 种组分,但现在已发现该种毒素有 30 多种成分。

麻痹性贝毒是所有赤潮毒素中最重要、最多见的一类毒素,目前尚无药可救。人类误食了含有麻痹性毒素的贝类 5~30 分钟内,轻者,嘴唇周围有刺痛感和麻木感,逐渐扩展到脸部和颈部,手指和脚趾也有刺痛感,并伴有头痛、眩晕、恶心等;重者,语无伦次,出现失语症,刺痛感扩展到双臂和双脚,手足僵硬,运动失调,全身虚弱无力,呼吸出现困难,心跳加快;而病危者,肌肉麻痹,呼吸明显地出现困难,感觉窒息,在缺氧的情况下,24 小时内就会死亡。

腹泻性毒素的症状类似于食物中毒。该类毒素为肿瘤促进剂,尤其是对人体的肝细胞具有破坏作用,对人类健康具有潜在威胁。神经性毒素则能引起神经传导的障碍,人类食用含有神经性毒素的贝类、鱼类 3 小时后,就会出现眩晕、头部神经机理失调、瞳孔放大、身体冷热无常、恶心、呕吐、腹泻等中毒状况,严重的情况下,还伴有心律失常,感觉急性窒息,有时还出现醉酒似的运动失常。

据统计,自 20 世纪 60 年代以来,我国已经有 600 人因误食有毒的贝类而中毒,其中 29 人死亡。1976~1978 年间,浙江舟山、宁波地区发生多起食用织纹螺中毒事件,毒素来源于裸甲藻;1986 年福建东山发生因食用菲律宾蛤仔而引起 136 人中毒,1 人死亡事件;2002 年,福建宁德、青田、罗源等地先后发生 50 多人因食用甲锥螺而中毒,其中 3 人死亡。

目前,许多国家都对贝类中的毒素含量都有严格规定,如加拿大规定食品中的麻痹性贝毒超过 80 微克/100 克时就禁止食用,腹泻性毒素含量不得超过 200 纳克/克,健忘性贝毒含量不得超过 20 微克/克。各国对于进口的水产品质量要求也越来越严格,欧盟对进口水产品的检查包括新鲜度化学指标、自然毒素、寄生虫、微生物指标、环境污染的有毒化学物质和重金属、农药残留、放射线等 63 项指标。由于有一整套完整的海产品监测、管理措施,尽管欧美一些国家沿海也经常出现有毒赤潮,但海产品中毒事件发生得较少。

我国的海产品毒素检测则主要是为了出口,国内市场上销售的海产品绝大多数都没有做过任何毒素的检测。尽管国家质量监督检验检疫总局在 2001 年曾经发布了《无公害水产品的安全要求》,规定麻痹性贝毒含量不得超过

80 微克/100 克，腹泻性贝毒含量不得超过 80 微克/100 克，并开始进行无公害水产品的质量认证，但认证的覆盖范围很小，而且认证也只针对养殖产品，对渔民捕捞的海产品的检测认证还没有开始。

赤潮大事记

随着现代化工、农业生产的迅猛发展，沿海地区人口的增多，大量工农业废水和生活污水排入海洋，其中相当一部分未经处理就直接排入海洋，导致近海、港湾富营养化程度日趋严重。同时，由于沿海开发程度的增高和海水养殖业的扩大，也带来了海洋生态环境和养殖业自身污染问题；海运业的发展导致外来有害赤潮种类的引入；全球气候的变化也导致了赤潮的频繁发生。

2001 年 8 月，赤潮出现在韩国南部各地区的海面上。

几百艘渔船在穿梭忙碌。但渔民们不是在捕鱼，而是在不停地向大海里抛洒黄土，治理迅速扩张的赤潮。韩国政府的投入 12 亿韩元，向韩国南部海域共抛洒了 8 万吨黄土。

8 月 6 日，韩国西南部

韩国南部赤潮

海域的全南道丽水市附近检出了旋沟藻，这是一种具有毒性的赤潮生物。8 月 10 日，韩国南部海域的庆南道南海郡附近也检测到旋沟藻活跃的迹象，其密度为 1~2 个/毫升。两地的"赤潮对策务实协商会"开始密切关注事态的发展。

旋沟藻属于藻类。每年的大部分时间，其孢子潜伏在海底。水温上升到合适温度以后，孢子开始发育，并且上浮到水深 3~5 米的位置。当年 8 月以来，韩国南海沿岸海水的水温在 24℃~25℃，频繁的降雨使大量营养盐类冲刷入海，导致了赤潮的迅速发展。研究认为，旋沟藻能够产生一种溶血性毒素，海水中的个体数达到 3000 个/毫升或以上，就可能引发鱼类的大规模死亡。

14 日下午 6 点，韩国政府发出当年第一次赤潮通报，地点是朝鲜半岛的正南方向，以全南道高兴郡南端的海面为中心的区域。这里的海面已经变成了深红色，并且还在不断扩大。据水产振兴院的调查，当天这一水域旋沟藻的个体数已经达到 180～600 个/毫升。

哥斯达黎加赤潮

19 日，韩国南部海域（高兴郡）旋沟藻的密度达到了3400～4000 个/毫升。到 22 日下午，深红色的赤潮带已断断续续覆盖了大约 200 千米的狭长海域，形成了令人恐惧的气势。

21 日，庆尚南道统营市蛇梁岛附近，大约 4 海里范围内的多个渔场开始有鱼类死亡。

25 日，国立水产振兴院向赤全罗南道高兴半岛以西海域以及庆尚南道巨济岛东南海域之内的地区下达赤潮通报。

26 日下午 5 点，赤潮通报改为赤潮警报。这样，南海东部、东海南部海域已经全部处于赤潮警报范围。

投放黄土是目前国际公认的处理赤潮的方法。黄土能以颗粒或者结合物的形式吸附在赤潮生物的细胞膜上，并带动赤潮生物沉向海底。那里水温低，光照弱，营养盐类相对不足，不利于赤潮生物生长。

韩国庆尚南道的统营市位于朝鲜半岛东南部，统营市附近的海域是这次赤潮密度最高的地区之一。17 日下午，从统营以西的全罗南道高兴郡传来了赤潮警报。18 日下午，赤潮带即蔓延到了统营市的蛇梁岛。当天，当地各界动员了货船和拖网渔船共抛洒了 260 吨黄土。19 日，在渔场密集的 10 海里左右的海域又集中投放了 200 吨的黄土。除了不断地向海里抛洒黄土，各个渔村还购置了 20 多台赤潮清除机。每台机器每小时过滤 200 吨海水，24 小时不间断地进行清除赤潮的作业。

为了切断赤潮生物的营养供应链，各渔场广泛采取了减少鱼饲料投放的措施。一些地区停止投放饲料超过1星期。各个渔场的鱼死亡数量近100万尾，损失超过4亿韩元。

2001年9月3日，中美洲地峡渔业和水产组织宣布，一场严重的赤潮正在袭击中美洲太平洋沿海地区，其中受影响最大的是哥斯达黎加、危地马拉和萨尔瓦多。

菲律宾的赤潮

据该组织介绍，哥斯达黎加的赤潮形成于1999年年底，但是没有任何消失的迹象。在北部瓜纳卡斯特沿海，贝壳类吸收的毒素指数是人类承受此类毒素的最大限量的38倍以上。在中部沿海地区，贝壳类的毒素含量也大大超过限量。

死去的螃蟹

危地马拉赤潮监控委员会在9月4日宣布全国海产业进入"红色戒备状态"，禁止捕捞、销售任何贝壳类海产品，同时告诫消费者不要食用虾头、鱼头及其内脏。

萨尔瓦多两大海产生产基地均受到赤潮的严重袭击。萨政府除禁止在国内销售贝壳类产品外，也"暂时中止"从危地马拉进口任何海鲜产品。

这次赤潮是自1987年以来影响面最广、持续时间最长、经济损失最严重的一次。哥斯达黎加有51人中毒，经济损失超过150万美元。萨尔瓦多和危地马拉的渔业生产也损失惨重。

中美洲各国还在9月11日，在哥

斯达黎加首都圣何塞召开紧急会议，专门商讨联合对付赤潮的办法。

2003年11月，菲律宾渔业和水产资源办公署（BFAR）对菲律宾几个沿海地区发出赤潮警报，导致受害地区渔业和贝类产业，因受赤潮毒素影响而无法销售，损失近300万美元。

警报仍未解除，赤潮毒素含量仍然相对较高。

BFAR赤潮监测小组的负责人介绍，受影响的地区包括Zambales省的Palawig海湾、巴拉望岛的Honda海湾、Masbate省的Mandaon和Milagros海湾、Sorsogon省的Juag礁湖、菲特岛和萨马岛之间的San Pedro海湾、达沃地区的Balite海湾及三宝颜地区的Dumanquillas海湾。这些地区都以盛产贝类闻名，贝类销售是当地渔民的主要经济来源。当地政府不得不发布贝类禁令，严禁有毒贝类流入市场，使当年菲律宾的贝类销售骤然减少。

2002年8月，南非西岸Elands Bay（位于开普敦北方近200千米处的一个偏僻小渔村，是南非西海岸岩礁龙虾主要产地之一）在一个月内发生两次赤潮，导致大量龙虾死亡。

第一次赤潮时上岸的龙虾将近300吨，当地居民曾争先前往捡取，但后来遭到渔业局及警方人员强力禁止。渔业局采取的做法是尽可能捡取还活着的龙虾，送到安全的海域放生，以减少资源的损失。但是通过两天抢救，放生的龙虾仅有约60吨。

渔业局科学家表示，1940年以来，大约每10年就有一次因赤潮而造成大量龙虾死亡，而过去这10年情况更为严重。他们曾做过各种研究，包括气象模式的变化，但仍无法查出赤潮泛滥的原因。由于适为龙虾繁殖季节，且大部分死亡的龙虾都在渔获体长限制以下，因此预计此次赤潮对资源的冲击应该在一两年后显现。

佛罗里达州西南沿海地带海龟

2005年7月至10月中旬期间，帕斯克县（Pasco）到科利尔县之间的海滩共有216只海龟搁浅，其中大部分死亡，赤潮被认为是导致这些海龟搁浅的原因。

监测人员的记录显示，2006年共有76只海龟搁浅在派尼拉斯县（Pinellas）和科利尔县（Collier）之间的海岸，而2005年同期只有66只海龟搁浅。4月24日，当局埋葬了一只被冲上佛州西南部那不勒斯海滩（Naples Beach）的重约70千克的海龟，海龟的死因还不明确。

佛罗里达野生物研究所（the Florida Wildlife Research Institute）的野生物学家艾伦·福利（Allen Foley）说，赤潮在海滩上的遗留物可能是2006年海龟高死亡率的主要原因。

2006年10月末，渤海湾天津、黄骅附近海域出现大规模赤潮，经鉴定，其生物种类为球形棕囊藻。据有关专家介绍，渤海海域在这个季节发生棕囊藻赤潮尚属首次。

10月27日，沧州市海洋局在黄骅海域海面发现异常，海面有大面积棕色漂浮物。从直观看，水面漂浮物是直径为0.5～

赤潮生物

2.0厘米的透明球体，外膜为浅棕色，经鉴定分析为球形棕囊藻，由此确定该海域发生赤潮。监测人员出海监视发现，黄骅海域从歧口村（与天津交界）至黄骅港沿线海域，垂直海岸线纵深35千米均有赤潮，20千米以内最多。

11月1日，天津海洋环境监测中心站对天津港航及大沽锚地等300平方千米海域范围内监测发现，赤潮严重区主要集中在距岸边约20千米的近岸海域，球形棕囊藻密度由近岸向远海逐渐降低。

据河北省海洋环境监测中心介绍，此次发生赤潮的海域水体中营养盐含量不高，但浮游植物细胞数量非常高。加之天气情况特殊，气温、水温均较往年偏高，而且天气系统稳定，有利于浮游植物生长繁殖。

此次赤潮给黄骅渔业生产造成很大影响，每年伏季休渔结束后的9～11月，是渤海渔民打鱼旺季，而赤潮的出现使大部分渔民不得不将渔船停泊在港口，等待赤潮结束后再次出海。

2008 年 3 月由藻花引起的赤潮导致纳米比亚牡蛎业损害了大约 70% 的产量。纳米比亚的牡蛎行业受到了前所未有的负面影响，几乎面临崩溃的边缘。居住在 Walvis 海湾附近的当地牡蛎养殖商反映，在短短的 6 周里，他们已经遭受了 3 倍的损失。

赤潮使本国相关的牡蛎贸易损失了相当数量的贝类产品，推迟了近 1 年的国外市场扩张计划。

如今，赤潮已成为一种世界性的公害，美国、日本、中国、加拿大、法国、瑞典、挪威、菲律宾、印度、印度尼西亚、马来西亚、韩国等 30 多个国家和地区赤潮发生都很频繁。

··▶▶▶ 知识点

赤潮的历史记载

赤潮发生时，海水变得黏黏的，还发出一股腥臭味，颜色大多都变成红色或近红色。在日本，早在腾原时代和镰仓时代就有赤潮方面的记载。1803年法国人马克·莱斯卡波特记载了美洲罗亚尔湾地区的印第安人根据月黑之夜观察海水发光现象来判别贻贝是否可以食用。1831 ~ 1836 年，达尔文在《贝格尔航海记录》中记载了在巴西和智利近海面发生的束毛藻引发的赤潮事件。据载，中国早在 2000 多年前就发现赤潮现象，一些古书文献或文艺作品里已有一些有关赤潮方面的记载。如清代的蒲松龄在《聊斋志异》中就形象地记载了与赤潮有关的现象。

▮▮▮ 船舶污染

什么是船舶污染

船舶污染主要是指船舶在航行、停泊港口、装卸货物的过程中对周围水环境和大气环境产生的污染，主要污染物有含油污水、生活污水、船舶垃圾 3

类。另外，也将产生粉尘、化学物品、废气等，相对说来，对环境影响较小。油类系指船舶装载的货油和船舶在运营中使用的油品，包括原油、燃料油、润滑油、油泥、油渣和石油炼制品在内的任何形式的石油和油性混合物。船舶油类污染可以分成船舶油污水（压舱水、洗舱水、舱底水、舱底残油）和船舶溢油两类污染。船舶生活污水主要是指人的粪便水，包括从小便池、抽水马桶等排出的污水和废物，从病房、医务室的面盆、洗澡盆和这些处所排出孔排出的污水和废物，以及与上述污水废物相混合的日常生活用水（指洗脸水、洗澡水、洗衣水、厨房洗涤水等）和其他用水。船舶垃圾系指在船舶正常的营运期间产生的，并要不断地或定期地予以处理的各种食品、日常用品、工作用品的废弃物和船舶运行时，产生的各种废物，主要有食品垃圾（米饭、菜肴、干点、饮料、糖果等）、塑料制品垃圾（聚氯乙烯制品、合成纤维制品、玻璃钢制品）及其他垃圾（纸、木制品、布类制品、玻璃制品、金属制品、陶器制品等）。

船舶生活污水危害

人们通常将来自于船舶卫生间、医务室、装载活动物处所的废水和废物称为"黑水"；而将来自厨房、洗衣房以及盥洗室等处的废水和废物称为"灰水"。船舶生活污水不仅含有有机物和矿物质，而且还含有大量的细菌、寄生虫，有时还含有危害人体及水生物的病毒。

船舶生活污水的性质指标

船舶生活污水性质指标可分为物理性质指标、化学性质指标和生物学性质指标。

（1）船舶生活污水物理性质指标

主要是以悬浮固体 Suspended Solidity（简称 SS）量作为水质指标，其表示单位为毫克/升。

（2）船舶生活污水化学性质指标

通常以生化需氧量和化学需氧量作为水质指标。

生化需氧量（BOD）表示水中的可氧化物质（特别是有机物）在微生物作用下氧化分解所消耗的溶解氧的量。国内外普遍规定在（20±1）℃的温度

大肠杆菌

条件下，以5天的时间里有机物氧化分解所消耗的溶解氧量为指标，称为5天生化需氧量，即BOD5。生化需氧量越大，表明水中含有的有机污染物越多。其单位是毫克/升（mg/L）。

化学需氧量（COD）表示有机污染物用化学氧化剂氧化所消耗的氧量。因有机物基本上属于还原性物质，能被化学氧化剂分解，而有机物越多，消耗的氧化剂量就越多。其单位是毫克/升（mg/L）。

（3）船舶生活污水生物学性质指标

通常以水中大肠杆菌群的数量作为指标。

粪便中除含有大肠杆菌外，还含有一部分性质相同的好气性杆菌，因测定时同时被检出，所以总的生物学指标称为大肠杆菌群（主要包括有埃希释菌属、柠檬酸杆菌属、肠杆菌属、克雷伯菌属等细菌的菌属）。单位用每100毫升水中的MPN（个/100毫升）来表示。

船舶生活污水主要污染成分

（1）使水生物和人感染的大量细菌、寄生虫甚至病毒。这些细菌能引起伤寒、副伤寒、疟疾、痢疾、胃肠炎、霍乱等肠道传染病及寄生虫病。

（2）在水中对于氧气有很高生化需要的、溶解于水的有机成分和悬浮成分。

（3）本身生化衰变时要消耗氧气的、沉淀于海底的固体颗粒（有机的和无机的）。

（4）对于海滨休息环境有严重影响的、呈单个小碎块或悬胶体的、浮在水面的浮游微粒（有机的和无机的）。

（5）使吸收这些物质的水饱和并可能富营养化的、高浓度的营养物质（主要是磷化合物和氮化合物）。

船舶生活污水的危害

（1）对水环境的影响

船舶生活污水未经处理任意排入水环境，会发生一系列生化作用。水环境的自然净化过程是细菌及其他微生物利用水中的溶解氧将有机物分解为无机物和二氧化碳的过程。水藻吸收二氧化碳，通过光合作用使自身生长，同时放出氧气。这种自然净化过程虽然进行得非常缓慢，但该过程仍然是一种平衡过程，而维持该平衡的决定因素是溶解氧的含量。如果大量的生活污水排入水环境，就会造成水中溶解氧的含量降低，破坏了水环境的自然净化过程和生态平衡，改变了水环境的生态特征，造成水环境中的鱼类等动物的死亡或迁移。船舶生活污水中的营养盐进入水环境后，当其含量达到 0.01 毫克/升时，便可使藻类过度地生长和繁殖，出现富营养化，使水中溶解氧的含量降低，产生厌氧条件，使海洋动、植物群中的好气性群体（如鱼类）被低级的厌氧群体（软虫类）所取代。水环境的自然净化过程的破坏再加之生活污水中悬浮固体的存在，将对海滨浴场和渔场的资源产生较严重的影响。

（2）对人体健康的影响

每一毫升未经处理的粪便污水中含有大约几百万个细菌，其中多数是致病细菌，可传染多种肠道传染病。粪便污水如果不经过充分处理以杀死病细菌的话，它就会污染水源，并传播这类疾病，这便会对人类的健康产生威胁。

船舶垃圾危害

船舶垃圾处理亟待加强

2008 年 10 月以来，黄岛检验检疫局卫生检验检疫工作人员在日常监管过程中经常发现，进境船舶的生活垃圾在处理过程中存在未经消毒私自移运、随意抛入海域、不实行分类管理以及消毒不彻底等问题。有关专家提醒，进境船舶垃圾处理亟待加强。

船舶生活垃圾处理不当会造成重大危害。私自移运的垃圾未经任何消毒处理，存在卫生安全隐患；船方为节省垃圾消毒移运费用，将垃圾抛入大海或私自移运，抛入海域的垃圾，严重污染海洋环境；未分类的垃圾不利于后续监管处置，且造成资源浪费；消毒不彻底的垃圾仍携带致病菌及病媒昆虫等。

船舶垃圾威胁海洋生物生存

美国海洋保护协会于 2006 年 9～10 月在日本、美国和新西兰等 68 个国家的海岸开展清扫行动，回收了重达 3000 吨的 800 万件垃圾，其中包括 190 万个烟蒂、77 万个食品包装和食品容器、70 万个各种盖子和 69 万个塑料袋等。烟蒂、食品包装和塑料制品等海洋垃圾数量如此惊人，已经严重威胁海洋生物的生存。

美国海洋保护协会指出，垃圾中含有的化学物质正在污染海洋，每年全世界有约 100 万只海鸟因为吞食塑料垃圾或缠绕在渔具上而死亡。

声呐污染

什么是声呐

到目前为止，声波还是唯一能在深海作远距离传输的能量形式。于是探测水下目标的技术——声呐技术便应运而生。

声呐就是利用水中声波对水下目标进行探测、定位和通信的电子设备，是水声学中应用最广泛、最重要的一种装置。它是 SONAR 一词的"义音两顾"的译称（旧译为声纳），SONAR 是 Sound Navigation and Ranging（声音导航测距）的缩写。

声呐技术至今已有 100 年历史，它是 1906 年由英国海军

声呐示意图

的刘易斯·尼克森所发明。他发明的第一部声呐仪是一种被动式的聆听装置，主要用来侦测冰山。这种技术，到第一次世界大战时被应用到战场上，用来侦测潜藏在水底的潜水艇。

目前，声呐是各国海军进行水下监视使用的主要技术，用于对水下目标进行探测、分类、定位和跟踪；进行水下通信和导航，保障舰艇、反潜飞机和反潜直升机的战术机动和水中武器的使用。此外，声呐技术还广泛用于鱼雷制导、水雷引信，以及鱼群探测、海洋石油勘探、船舶导航、水下作业、水文测量和海底地质地貌的勘测等。

和许多科学技术的发展一样，社会的需要和科技的进步促进了声呐技术的发展。

声呐对海洋生物的影响

声呐目前是各国海军不可或缺的主要技术。声呐技术作为导航和探测水下舰艇活动的技术被广泛应用于舰艇装备中。中频主动声呐就是向周围海域发射中频率波段的声波，以探测敌方潜艇，这对于反潜作战来说是最有效的。美军舰艇和潜水艇中大都配备了中频声呐系统。中频声呐可持续释放超过235分贝的噪声，其范围可达数千平方英里的海域。

美国自然资源保护委员会（NRDC）的一项报告显示，军事声呐等不断加剧的海洋噪声正影响着海豚、鲸的生活，因为这些动物必须依赖声音进行交配、觅食以及躲避天敌。报告称，海洋噪声轻则影响海洋生物的长期行为，重则导致它们听力丧失甚至死亡。NRDC的研究结果认为，目前科学界对于军用声呐可以伤害、杀死并大范围破坏海洋哺乳动物这一点上已经没有争议。美国环境和鲸保护组织也多年致力于保护海洋哺乳动物免受美军声呐影响的研究，结果显示声呐与鲸的死亡率之间的关联很紧密。另外，声呐也降低了大比目鱼和其他鱼类捕食的成功率，还影响了鱼类的繁殖率和巨型海龟的行为等。一些鱼类的内耳也受到了严重的伤害，这直接威胁着它们的生存。

由中频声呐试验导致的鲸大量搁浅及死亡事件不断发生：1996年5月，美军在北约的一次演习中，有14头剑吻鲸在希腊海岸搁浅；2000年3月，美军在百慕大海域再度进声呐实验，由于军舰配备的声呐影响，3个种类共16

头鲸搁浅在长达 150 米的海岸线上，其中 6 头死亡，多个物种成群搁浅是非常罕见的，科学家发现冲滩搁浅的突吻鲸眼睛、颅部出血，肺爆裂，自此美军接受了声呐对海洋哺乳动物行为有影响的观点；2002 年 7 月，66 头领航鲸在美国马萨诸塞州的鳕雪角集体自杀，原因同样与声呐实验有关；2004 年 7 月，在环太平洋军事演习中，美军声呐测试开始后不久，夏威夷沿岸的浅水中就有 200 头鲸鱼搁浅，其中 1 头鲸鱼仔死亡；2005 年初，由于美军声呐试验，37 头鲸搁浅在北卡罗来纳州的外滩；2009 年 3 月，美国"无瑕号"在南海被中国渔政人员和渔民拦截并驱赶前，打开声呐"工作"后不久就在"无瑕号"声呐范围内的香港海岸边，出现一条长逾 10 米的成年座头鲸迷航搁浅。

声呐影响海洋生物的原因

越来越多的证据证实，鲸豚类的死亡和海军的声呐武器有关。科学家们发现在搁浅死亡鲸的脑膜附近有多处严重出血，在其肝脏、肾脏、肺部等部位都发现有堵塞物；对一些鲸进行尸体解剖后发现，鲸鱼的听觉部位结构损毁，耳朵附近有大面积出血，这直接表明是音波伤害所致。

研究结果显示，声呐可通过影响鲸类的行为最终酿成悲剧。在舰艇声呐作用的整个区域，鲸类会停止发出声音和搜寻食物的行为，这意味着它们可能因为饥饿而死亡。声呐发出的较弱声音信号与北胆鼻鲸天敌发出的声音非常相似，正是由于这一原因，北胆鼻鲸会认为在附近有天敌活动，从而会改变自己的行为方式。而强烈的声呐，则无异于海底惊雷，鲸鱼等被扰乱而惊慌失措，横冲直撞，快速地浮出水面，从而引发体内失压，甚至造成搁浅死亡的悲剧。

环保人士批评低频声呐

2002 年 7 月 16 日，美国布什政府准许海军使用低频声呐探测敌军潜艇。此举引起一些海洋环境保护主义者的担忧，因为使用低频声呐可能导致鲸鱼搁浅或死亡。

美国商务部国家海产渔业局 15 日批准美国海军 5 年内不受海生哺乳动物保护法案的限制。环保组织称，这一"豁免权"将使海生哺乳动物遭到海军低频声呐的"骚扰"。

环境保护者的担心主要来自美国海军 2000 年 3 月在巴拿马群岛深水中进行的一次使用中程声呐探测潜水艇的演习。演习开始几小时后，至少有 16 头鲸鱼和 2 头海豚游在海滩上搁浅，其中 8 头鲸鱼死亡。科学家在它们的大脑和耳骨附近发现了由强烈声响导致的出血症状。

海豚对声呐的灵敏度很高

北约部队 1996 年在希腊利用低频声呐进行演习时，有 12 头鲸鱼在海滩上死亡，尸体在科学家研究之前就已腐烂。

低频声呐信号可传播数百千米，其频率与大鲸鱼互相交流时使用的信号频率相同。鲸鱼靠声音交流、喂食、交配及迁移，因此极易受低频声呐信号影响。海军透露，低频声呐的任何扬声器都可发出高达 215 分贝噪音，在水下相当于一架即将起飞的双引擎 F—15 战斗机附近的噪声水平。据环境保护者说，低频声呐 18 个扬声器声波集中后造成的影响更大，信号强度相当于 235 分贝。生物学家称，110 分贝以上的声波就可使鲸鱼烦躁不安，180 分贝的声波足以让鲸鱼的耳膜破裂。

美国渔业官员要求海军人员一旦发现海生哺乳动物及海龟即关掉低频声呐。海军称其将在距离海岸线至少 22 千米外以及重要生物区域外使用低频声呐。

➡️ 知识点

"无瑕号"为何成海洋生物杀手

"无瑕号"是美军海上补给司令部（MSC）执行特别使命的 25 艘舰艇之一，具体任务包括海洋和水道测量、水下监视、导弹追踪、声呐侦察、控制指挥、潜艇和特种战斗支持等。

2009年6月，"无瑕号"舰艇频繁进入我国专属经济区，并使用高强度声呐，破坏了我国渔业资源，违反了国际法和"无公害通过"的基本原则。

"无瑕号"上部署了美军目前最先进的声呐系统，这种声呐系统也称拖曳式传感器阵列监视系统。该系统的探测装置分为两部分。一部分为"SUR-TASS（拖曳式阵列传感器系统）"，由被动声呐组成。另一部分被称为"SUR-TASSLFA（低频主动）"，是垂直悬挂在舰船下方的主动声呐阵列，用以对付被动声呐无法探知的极静潜艇。低频主动声呐系统使用高强度声波，可使数百英里外的海面下为之震荡。低频主动声呐会产生相当于一架波音747飞机起飞时的引擎声音，而这种声音正是美军监测船破坏海洋生态环境的罪魁祸首。

石油污染

石油污染概述

石油污染是石油及其产品在开采、炼制、贮运和使用过程中，进入海洋环境而造成的污染。特别是伊拉克战争中造成的海洋石油污染，不但严重破坏了波斯湾地区的生态环境，还造成洲际规模的大气污染。

油品入海途径有：炼油厂含油废水经河流或直接注入海洋；油船漏油、排放和发生事故，使油品直接入海；海底油田在开采过程中的溢漏及井喷，使石油进入海洋水体；大气中的石油低分子沉降到海洋水域；海洋底层局部自然溢油。石油入海后即发生一系列复杂变化，包括扩散、蒸发、溶解、乳化、光化学氧化、微生物氧化、沉降、形成沥青球，以及沿着食物链转移等过程。

海上石油污染主要发生在河口、港湾及近海水域，海上运油线和海底油田周围。

石油入海后的变化过程在时、空上虽有先后和大小的差异，但大多是交互进行的。

1. 扩散。入海石油首先在重力、惯性力、摩擦力和表面张力的作用下，在海洋表面迅速扩展成薄膜，进而在风浪和海流作用下被分割成大小不等的块状或带状油膜，随风漂移扩散。扩散是消除局部海域石油污染的主要过程。风是影响油在海面漂移的最主要因素，油的漂移速度大约为风速的3/100。中国山东半岛沿岸发现的漂油，冬季在半岛北岸较多，春季在半岛的南岸较多，也主要是风的影响所致。石油中的

海洋的石油污染

氮、硫、氧等非烃组分是表面活性剂，能促进石油的扩散。

2. 蒸发。石油在扩散和漂移过程中，轻组分通过蒸发逸入大气，其速率随分子量、沸点、油膜表面积、厚度和海况而不同。含碳原子数小于12的烃在入海几小时内便大部分蒸发逸走，碳原子数在12~20的烃的蒸发要经过若干星期，碳原子数大于20的烃不易蒸发。蒸发作用是海洋油污染自然消失的一个重要因素。通过蒸发作用大约消除泄入海中石油总量的1/4~1/3。

3. 氧化。海面油膜在光和微量元素的催化下发生自氧化和光化学氧化反应，氧化是石油化学降解的主要途径，其速率取决于石油烃的化学特性。扩散、蒸发和氧化过程在石油入海后的若干天内对水体石油的消失起重要作用，其中扩散速率高于自然分解速率。

4. 溶解。低分子烃和有些极性化合物还会溶入海水中。正链烷在水中的溶解度与其分子量成反比，芳烃的溶解度大于链烷。溶解作用和蒸发作用尽管都是低分子烃的效应，但它们对水环境的影响却不同。石油烃溶于海水中，易被海洋生物吸收而产生有害的影响。

5. 乳化。石油入海后，由于海流、涡流、潮汐和风浪的搅动，容易发生乳化作用。乳化有两种形式：油包水乳化和水包油乳化，前者较稳定，常聚成外观像冰淇淋状的块或球，较长期在水面上漂浮；后者较不稳定且易消失。

油溢后如使用分散剂有助于水包油乳化的形成，加速海面油污的去除，也加速生物对石油的吸收。

6. 沉积。海面的石油经过蒸发和溶解后，形成致密的分散离子，聚合成沥青块，或吸附于其他颗粒物上，最后沉降于海底，或漂浮上海滩。在海流和海浪的作用下，沉入海底的石油或石油氧化产物，还可再上浮到海面，造成二次污染。

7. 海洋生物对石油烃的降解和吸收。微生物在降解石油烃方面起着重要的作用，烃类氧化菌广泛分布于海水和海底泥中（见石油烃的微生物降解）。海洋植物、海洋动物也能降解一些石油烃。浮游海藻和定生海藻可直接从海水中吸收或吸附溶解的石油烃类。海洋动物会摄食吸附有石油的颗粒物质，溶于水中的石油可通过消化道或鳃进入它们的体内。由于石油烃是脂溶性的，因此，海洋生物体内石油烃的含量一般随着脂肪的含量增大而增高。在清洁海水中，海洋动物体内积累的石油可以比较快地排出。迄今尚无证据表明石油烃能沿着食物链扩大。

石油泄入海后，从海中消失的速度及影响的范围，依入海的地点、油的数量和特性、油的回收和消油方法、海洋环境的因素而有很大的差异。如较高的水温有利于油的消失。实验证明，油从水中消失一半所需的时间，在温度为10℃时大约为45天；当水温升至18℃～20℃时，为20天；而在25℃～30℃时，降至7天。渗入沉积物的石油消除较难，所需时间要几个月至几年。

◆━━▷▶ 知识点

骨痛病

1910年，日本富山县一带发现了一种病因不明的奇怪的地方病。患者大多是些老年妇女。其症状是：全身疼痛难忍，经常因无法忍受而"哎唷——哎唷"地喊叫；大腿痉挛，走起路来左右摇摆；骨骼老化或畸形，甚至轻微的碰撞也会引起骨折。当地居民称这种可怕的顽症为"哎唷病"，即骨痛病。这种病就是由海洋镉污染而引起的又一"公害病"。骨痛病是因慢性镉中毒引起的。长期食用被镉严重污染的"海鲜"，是产生"骨痛病"的原因之一。

海洋中镉的来源不同，有的是炼锌厂在冶炼过程中，排放出的大量的含镉烟尘随风飘到海洋上空，然后沉降到海中。有的是把含镉矿渣或废矿浆倾弃入海。而海洋生物能够将镉吸收到它们的体内，研究发现，鱼、贝类及海洋哺乳动物的内脏中镉的含量比较高。特别是海洋软体动物的肝脏含镉数量更高。

石油污染的危害

对水体的污染

石油及石油产品会严重污染人类赖以生存的土壤、水体以及空气，并产生严重后果。

据统计，每年通过各种渠道泄入海洋的石油和石油产品，约占全世界石油总产量的0.5%，倾注到海洋的石油量达200~1000万吨，由于航运而排入海洋的石油污染物达160~200万吨，其中1/3左右是油轮在海上发生事故导致石油泄漏造成的。我国海上各种溢油事故每年约发生500起，沿海地区海水含油量已超过国家规定的海水水质标准2~8倍，海洋石油污染十分严重。海洋石油污染危害是多方面的，如在水面形成油膜，阻碍了水体与大气之间的气体交换；油类黏附在鱼类、藻类和浮游生物上，致使海洋生物死亡，并破坏海鸟生活环境，导致海鸟死亡和种群数量下降。同时海面的油膜也会阻碍大气与海水的物质交换，影响海面对电磁辐射的吸收、传递和反射；两极地区海域冰面上的油膜，能增加对太阳能的吸收而加速冰层的

污染的海滩

融化，使海平面上升，并影响全球气候；海面及海水中的石油烃能溶解部分卤化烃等污染物，降低界面间的物质迁移转化率；破坏海滨风景区和海滨浴场。

随着石油的大规模勘探、开采，石油化工业的发展及其产品的广泛应用，石油及石油化工产品对于地下水的污染已成为不可忽视的问题。石油和石油化工产品，经常以非水相液体（NAPL）的形式污染土壤、含水层和地下水。当NAPL的密度大于水的密度时，污染物将穿过地表土壤及含水层到达隔水底板，即潜没在地下水中，并沿隔水底板横向扩展；当NAPL密度小于水的密度时，污染物的垂向移在地下水面受阻，而沿地下水面（主要在水的非饱和带）横向广泛扩展。NAPL可被孔隙介质长期束缚，其可溶性成分还会逐渐扩散至地下水中，从而成为一种持久性的污染源。

对生物的危害

油膜使透入海水的太阳辐射减弱，从而影响海洋植物的光合作用；污染海兽的皮毛和海鸟的羽毛，溶解其中的油脂，使它们丧失保温、游泳或飞行的能力；干扰生物的摄食、繁殖、生长、行为和生物的趋化性等能力；使受污染海域个别生物种的丰度和分布发生变化，从而改变生物群落的种类组成；高浓度石油会降

海鸟身沾油污不能再飞翔

低微型藻类的固氮能力，阻碍其生长甚至导致其死亡；沉降于潮间带和浅海海底的石油，使一些动物幼虫、海藻孢子失去适宜的固着基质或降低固着能力；石油能渗入较高级的大米草和红树等植物体内，改变细胞的渗透性，甚至使其死亡；毒害海洋生物。

对水产业的影响

油污会改变某些鱼类的洄游路线；沾污渔网、养殖器材和渔获物；受污染的鱼、贝等海产品难以销售或不能食用。根据国家农业部和国家环保总局

日前联合发布的《中国渔业生态环境状况公报》显示，石油污染每年对沿海渔业造成数十亿元的损失。

对人体健康的影响

发生在近海地区的石油污染和石油泄漏，会对沿海的居民的人体健康造成很大影响，油气也可直接通过皮肤接触、呼吸等渠道进入人体，危害人体健康。受到影响的器官有肺、胃、肠、肾、中枢神经系统和造血系统。中枢神经系统症状有衰弱、嗜眠、眩晕、痉挛、昏迷。若一时吸入大量的汽油蒸气，立即会引起严重的中枢神经障碍，引起特殊震颤，皮肤变青，脉搏混乱等症状，特别严重时，反射停止，膀胱和直肠麻痹，最后心脏衰竭而死。吸入的汽油蒸气主要靠肺进行排泄，因此呼气中带有特殊的汽油味。汽油蒸气的气味人们是可以习惯的，但造成慢性中毒后，会有沉重感，头、手、足、四肢和关节刺激性疼痛、腹泻，继之导致神经炎、贫血、咳嗽等，也会有严重的视觉障碍。汽油中添加的有机金属化合物，也有神经毒害作用，有引起肺水肿、肺癌之类的危险。

吸入高浓度的石油类气体，会立即出现头痛、精神错乱、肌肉震颤、抽风等急性中毒症状；刺激呼吸道会引起剧烈咳嗽、呼吸困难；刺激消化道会出现恶心、呕吐、血压下降等症状，甚至死亡。许多石油类产品都会危害神经系统、呼吸系统、造血系统、皮肤和黏膜等，从而导致人体中毒。

知识点

鲟鱼缘何诀别俄罗斯

鲟鱼，背部黄灰色，口小而尖，背部和腹部有大片硬鳞。俄罗斯里海北部海域曾是世界上主要产地，但是近年这里的鲟鱼逐年减少，几近灭绝。鲟鱼，缘何诀别俄罗斯？

里海北部兴建的大型石油天然气加工厂和再加工企业，由于违反法规进行作业，所造成的自然环境污染十分严重。据统计，每年有7000吨磷、13.3万吨矿氮顺水流入，这些废料主要来自农业和工业及生活用水。尤其近10年来，在伏尔加河口外一种叫水胡莲的生物生长极快，30%的水面被这种水生植物覆盖，从而引来大量的泳禽、半泳禽类，有些季节性的天鹅数量达到20多万只，使生态环境逐步恶化。

另外，从1978年开始，海平面已上升了1.5米，海水淹没了周围油田，石油产品污染了广大水域，破坏了水域内植物生长，使鲟鱼饲料严重缺乏，上述问题都造成里海这一世界最主要的鲟鱼生息之地的鲟鱼大量死亡的原因。

石油污染大事记

1967年3月，"托利卡尼翁"号油轮在英吉利海峡触礁失事是一起严重的海洋石油污染事故。该轮触礁后，10天内所载的11.8万吨原油除一小部分在轰炸沉船时燃烧掉外，其余全部流入海中，近140千米的海岸受到严重污染。受污海域有25000多只海鸟死亡，50%~90%的鲱鱼卵不能孵化，幼鱼也濒于绝迹。为处理这起事故，英、法两国出动了42艘船，1400多人，使用10万吨消油剂，两国为此损失800多万美元。相隔11年，1978年超级油轮"阿莫戈·卡迪兹"号在法国西北部布列塔尼半岛布列斯特海湾触礁，22万吨原油全部泄入海中，是又一次严重的油污染事故。

墨西哥湾"Ixtoc - I"油井发生井喷，一直到1980年3月24日才封住，共漏出原油47.6万吨，使墨西哥湾部分水域受到严重污染。

1991年初爆发的海湾战争，是第二次世界大战结束后，最现代化的一场激烈战争。战争双方伤亡人数并不多，但消耗的物资却是惊人的，特别是石油资源遭到人类有史以来最大的破坏，这场战争毁掉5000多万吨石油。在海湾战争期间，有700余口油井起火，每小时喷出1900吨二氧化硫等污染物质飘到数千千米外的喜马拉雅山南坡、克什米尔河谷一带，造成了全球性污染，并造成地中海、整个海

地图中黑色的斑点为污染地区

湾地区以及伊朗部分地区降"石油雨"，严重影响和危害人体健康。

不幸在油海中丧生的海鸟

而此次战争中流入海洋的石油所造成的污染和破坏更是惊人。据估计，1990年8月2日至1991年2月28日海湾战争期间，先后泄入海湾的石油达150万吨。1991年多国部队对伊拉克空袭后，科威特油田到处起火。1月22日科威特南部的瓦夫腊油田被炸，浓烟蔽日，原油顺海岸流入波斯湾。随后，伊拉克占领的科威特米纳艾哈麦迪开闸放油入海。科威特南部的输油管也到处破裂，原油滔滔入海。1月25日，科威特接近沙特的海面上形成长16千米、宽3千米的油带，以每天24千米的速度向南扩展，部分油膜起火燃烧黑烟遮没阳光，伊朗南部降下黏糊糊的黑雨。至2月2日，油膜展宽16千米、长90千米，逼近巴林，危及沙特。最后导致沙特阿拉伯的捕鱼作业完全停止，这一海域的生物群落受到严重威胁。更为严重的是浮油层已对海岸边一些海水淡化厂造成污染，以淡化海水作为生活用水的沙特阿拉伯面临淡水供应的困难。这次海湾战争酿成的油污染事件，使波斯湾的海鸟身上沾满了石油，无法飞行，只能在海滩和岩石上待以毙命。其他海洋生物也未能逃过这场灾难，鲸、海豚、海龟、虾蟹以及各种鱼类都被毒死或窒息而死，成为这场战争的最大受害者。

海鸟沾上油污后艰难地飞翔

海湾战争结束后，一些环

保专家表示，要完全消除由海湾战争引发的 5000 万吨石油对海湾地区和全球的影响，不仅代价将高昂，而且所需的时间也较为漫长。

1999 年 12 月，在马耳他注册的"埃里卡"号油轮在法国西北部海域因遭遇风暴而断裂沉没。2 万多吨重油泻入海中，导致该地区 400 多千米的海岸线受

油轮泄漏　海鸥遭殃

到污染，引发严重生态灾难，对当地渔业、旅游业、制盐业等产业造成沉重打击，是法国遭遇的最严重泄漏石油污染海域事件。美联社说，"埃里卡"号石油泄漏引发大面积海域污染，约 7.5 万只海鸟因此死亡。直到 2008 年 1 月 16 日，法国巴黎轻罪法庭作出判决，法国石油工业巨头道达尔集团对"埃里卡"号油轮断裂沉没造成的严重污染负有责任，罚款 37.5 万欧元。道达尔和其他 3 名被告还须向大约 100 名原告支付 1.92 亿欧元赔偿金。

2002 年 11 月 18 日，一只满身油污的海鸥在西班牙北部拉科鲁尼亚接受全身清理。在巴哈马群岛注册的"威望号"油轮 11 月 13 日在西班牙西北部加利西亚省海域搁浅后船体破裂，造成西班牙西北部海域严重污染。

从"威望号"泄漏的燃料油漂浮到加利西亚大区长达 250 千米的海岸上，

荷兰一油轮撞堤引发泄漏污染

海滩上积了厚厚一层燃料油，污染最严重的海域，泄漏的燃油有 38.1 厘米厚，一眼看去海面上一片黑，偶尔还可以在海滩上看到几只垂死的鸟。当地政府还下令封锁了事发地附近长达 128 千米的海域，禁止渔民出海打鱼，造成沿海 4000 名渔民因无法捕鱼而

失业。由于数十万鸟类都在事发海域过冬，污染对在此地区生活和迁徙路经此地的鸟类造成长期的威胁。

2005 年 7 月 6 日在荷兰哈夫滕附近的瓦尔河中游泳的鸭子浑身沾满石油。当日，一艘油轮与瓦尔河筑堤相撞，造成 30 多吨石油泄漏。

韩国原油泄漏事故

2006 年 3 月 10 日在美国阿拉斯加该州北部普拉德霍海湾地区发生一起重大石油泄漏事故，超过1000 吨（共6357 桶）原油从输油管中泄漏并污染了附近约 84 亩的苔原地带，这是该州北部海湾最严重的一次石油泄漏事故。这次事故造成了大批周围海洋生物及海洋大批死亡，附近的渔业损失近千万美元。

2007 年 11 月 10 日晚，亚速海和黑海突起风暴，当时许多船只正排队通过刻赤海峡，由于预报不及时，不少船只没有能及时前往安全区域岛躲避，结果发生了创纪录的集体海难，共有 7 艘船沉没或搁浅。

被油浸泡的水鸟孤立无援

风暴来袭时风速达到了 25 米/秒，海浪高达 4～5 米。第一起海难发生在 11 日凌晨，装载 4700 吨燃油的"伏尔加石油139"号油轮断为两截，导致 2000 吨燃油流入海中。

11 日上午 10 时 25 分和 11 时 50 分，两艘货船先后沉没，它们共装载了 6000 多吨硫黄。接着，另一艘装着硫黄的货轮撞上第二起海难中沉没的货轮后也沉没。几乎与此同时，一艘土耳其和一艘格鲁吉亚货轮搁浅。同样在 11 时 50 分，另一艘装燃油的"伏尔加石油123"号油轮船体出现裂缝，幸亏被及时拖入港口，没有造成另一起泄漏事故。

这次事故造成3人遇难者，另有大约20人下落不明。

俄罗斯紧急情况除了派出3架直升机和26艘船只搜索失踪人员外，还派出500多人在海上设置漂浮栏障，阻挡泄漏的燃油扩散。

惨死沙滩

原油泄漏"杀死"小海豚

俄罗斯南部克拉斯诺达尔边疆区靠近燃油泄漏事故发生地的海岸上，大约3万只鸟死亡，近4万只鸟被困在油污中。

克拉斯诺达尔边疆区行政长官说："漏油污染破坏巨大，损失还无法估算，这就是一场生态灾难。"

2007年12月7日在韩国泰安郡附近海域拍摄的发生原油泄漏事故的油轮。当日，这艘在香港注册的油轮在韩国忠清南道泰安郡西北约6海里的海域与一艘韩国船舶相撞，造成1050万升原油泄漏，周围至少15平方千米的海域受到污染。

12月25日，韩国忠清南道泰

搁浅油轮发生断裂

安郡当地居民在海滩上发现一只已经死亡的海豚，海豚身上覆盖着泄漏的原油。

被污染的海滩

2009 年 3 月 11 日，一艘货轮在澳大利亚昆士兰州附近海域遭遇风暴，导致燃油泄漏，船上搭载的部分装有化学品的集装箱落入海中，造成澳大利亚东北部数十个观光海滩已被泄漏的燃油和化学品污染。周围养虾场均受不同程度污染，损失近千万美元。

被污染的珠海海滩

2009 年 9 月 15 日，因受台风"巨爵"袭击，一艘巴拿马籍集装箱船在中国珠海高栏岛水域搁浅，根据船方自报泄漏燃油 50 吨。事发海域被迫封闭，数千条渔船受影响。

历数每次石油污染事故，对海洋造成的污染都是十分严重的。

石油进入海洋后，形成一片油膜，继而在风浪和海流的作用下分割成小块随风四散漂浮。在扩散与漂浮过程中，一部分原油蒸发进入大气层；一部分被氧化分解掉；还有一部分溶解进海水，这一部分容易被海洋生物吸收；第四部分形成沥青块沉入海底或附着在海滩、礁石上造成二次污染。

石油污染对海洋环境海洋生物危害极大，石油在海面上形成的油膜能阻碍大气与海水的交

大片海域受到污染

换；影响海面对电磁辐射的吸收、传递和反射；还会让风光旖旎的海滨沙滩满目疮痍，大煞风景。油膜减弱了太阳辐射进海水的能量，影响海洋植物的光合作用。被油膜玷污皮毛的海兽和海鸟，将失去保温、游泳、飞行的能力。石油还对海洋生物产生危害，它破坏细胞膜的正常结构和透性，干扰生物体的酶系，进而影响生物体正常的生理、生化过程。

石油污染对自然生态、对人类危害巨大，而目前人类对付石油污染的方法还十分有限，人类力争减少污染的机会。

塑料垃圾污染

海洋中的塑料垃圾主要有 3 个来源：（一）暴风雨把陆地上掩埋的塑料垃圾冲到大海里；（二）海运业中的少数人缺乏环境意识，将塑料垃圾倒入海中；（三）各种海损事故，货船在海上遇到风暴，甲板上的集装箱掉到海里，其中的塑料制品就会成为海上"流浪者"。

塑料垃圾不仅会造成视觉污染，还可能威胁航行安全。废弃塑料会缠住船只的螺旋桨，特别是被称为"魔瓶"的各种塑料瓶，它们会毫不留情地损坏船身和机器，引起事故和停驶，给航运公司造成重大损失。但更可怕的是，塑料垃圾对海洋生态系统的健康有着致命的影响。

误把塑料袋当水母食用的海龟

每年，全世界大约会制造 1.3 亿吨塑料，其中仅有不大的比例能够得到循环再利用，大部分废弃的塑料垃圾去了哪里？多数都被当做垃圾掩埋解决掉了，但还有一部分则选择了大海作为"最后的归宿"。海滩垃圾、捕鱼船丢弃物等等，都是海洋垃圾的直接来源，而人类在街边见到的某个塑料瓶、工厂排放出来的工业废物……这些都可能是海洋垃圾的间接来源。每当下雨时，尤其是暴雨冲刷后，各种各样的垃圾从四处进入雨水排水道或者河流中，最终抵达海洋。塑料的持久耐用，原本是其得以广泛应用的招牌特性，但反过来，当塑料泛滥成灾时，它的"顽固不化"却成了海洋挥之不去的梦魇——废弃塑料可在海洋生态系统中游荡几十年甚至更久。

美国阿尔加利塔海洋研究基金会的海洋研究船"阿尔加利塔"号曾于2004年在太平洋进行科学考察。"每天，当我来到甲板上，我都能看到那

渔网和各种垃圾

些漂浮在海洋上的东西：牙刷、瓶塞、小香皂瓶"，海洋学家兼船长查尔斯·摩尔不得不慨叹，在远离陆地近2000千米的遥远大洋上，也仍然不能逃离"人类文明带来的种种令人不安的迹象"。当塑料在海洋漩涡中旋转旅行，所到之处，贻害无穷。那些被捕鱼船遗落在大海上的渔网，绰号"幽灵网"，会使数以千计的海洋生物被缠绕束缚或窒息而死。

在光照、风吹和洋流作用下，很多塑料垃圾老化被分解为更小块，这时，海洋生物会把这些小块塑料误当做食物吞食。

从大块头的鲸到不起眼的浮游生物，因为误吞塑料，积聚在消化道中窒息丧命的比比皆是。据查尔斯·摩尔研究测算，在"垃圾漩涡"海域，每一千克的浮游生物平均要"分摊"到6千克的塑料垃圾。考虑到浮游生物是许多其他海洋动物的食物，因此可以这么推算，假如捕食的海洋动物"眉毛胡子一把抓"，它们每吞进1千克的浮游生物，就会同时误食大约6千克的塑料垃圾。即便顺利通过了消化道，有不少生物也会因为吞了一肚子"伪食物"，获取不到所需的营养而被活活饿死。海洋学家们称，黑背信天翁很多都是这样死去的。

不可知的后果

塑料对海洋生物的影响"深不可测"。摩尔在他的实验室中发现，从大洋垃圾带中带回来的水母体内，塑料已经"安家"，成为它身体的一部分。"这些塑料对海洋生物有毒吗？或者更进一步地问，假如我吃了误食塑料的海鱼，对我会有毒吗？"亚当说，类似这样的问题对于科学家们来说，也不知道如何作答。"塑料进入人类的生活已有数十年，人类对它十分了解，但是，至于塑料对海洋生物的影响，只是近几年才引起人们的关注"。美国著名海洋保护团体"海洋管理协会"自1986年起，每年都在9月15日举行"国际海岸清理"活动，迄今，世界各地的志愿者清理出来的海岸垃圾总共已经超过1亿磅（1磅＝0.4536千克）。可以想象，那些离岸漂向大洋深处的垃圾更是数目惊人。海上垃圾带的问题已经不仅仅局限于太平洋。

海洋学家们说，从理论上讲，所有大洋都会出现类似的垃圾汇集带。例如，北大西洋上的"马尾藻"海域，就是一个类似的"平静区域"，正汇聚越来越多的垃圾。面对这样触目惊心的景象，人类该做何处理？打捞海上垃圾当然是当务之急。但更重要的是，切断海洋污染源。"我们眼下必须要着手做的是防止陆地垃圾再

地中海岸边的垃圾

向海洋灌输，"亚当说。据联合国环境规划署估计，80%的海洋塑料垃圾"追本溯源"都来自陆地。而陆地垃圾也源自不同的渠道，这就需要从多角度、多层次入手，防范垃圾流向海洋。

地中海位于亚、非、欧三大洲之间，是世界最大的内陆海。那里曾是人类文明的发祥地之一，因风光旖旎而闻名于世。然而，眼下这片美丽的水域正在经历着越来越严重的污染。

2007年9月，绿色和平组织和西班牙一个海洋研究机构联合公布的调查

报告显示，在地中海每立方米的水中，垃圾竟多达33种。在污染最为严重的水域，每升海水的碳氢化合物含量已高达10克以上。此外，每年有40万吨石油等废弃液体被排放进地中海，使地中海蔚蓝色的水域正在沦为"海洋垃圾场"。报告显示，地中海海底的垃圾主要包括塑料瓶、金属盘子、渔具、高尔夫球、牙刷和刀叉等。对此，绿色和平组织负责人马里奥·罗德里格兹指出："毫无疑问，是人类把这些垃圾丢进海洋的。"他说，可怕的是，这些垃圾在海底至少要经过450年才能被分解掉。这将对地中海的海洋生态和周边环境造成持久性的破坏。

海洋生态科学家指出，无节制的人类活动是造成地中海海水污染的重要原因之一。地中海作为内陆海，风和浪缓，拥有众多天然良港，自古以来海上贸易就十分发达。作为世界三大洲的交通枢纽和往来于大西洋、印度洋、太平洋三大洋之间的捷径，地中海注定要成为全球运输最繁忙的海路。

现在，地中海地区生活着1.5亿以上的居民，每年还有两亿多的游客光顾这里。同时，现在每天有2500多艘各种货船在地中海航行，西欧进口的石油约有85%是取道地中海运送的。

巴塞罗那大学生态学教授琼·罗斯认为，人口的密集、商业的兴盛、航运的繁忙使地中海"不堪重负"，而工业废品和生活垃圾的肆意倾倒等更使地中海脏乱不堪，生态环境受到致命的破坏。他指出，地中海每千米海底残留有人类活动产生的1900多种垃圾。经过化验，甚至发现从地中海中捕捞出来的鱼类和海产品都遭到了污染，尤其是一些海域的金枪鱼和剑鱼由于长期受到污染，体内已含有对人体有毒的物质。

此外，德国一些科学家还指出，由于地中海位于全球风流的交汇口，导致它的上空经常聚集着大量的污染物。因此，空气污染也是致使地中海生态恶化和环境污染越来越严重的原因之一。

研究发现，地中海的二氧化碳和悬浮颗粒物质等几种关键性污染物指数大大超标，是世界其他地区的3～10倍。这对地中海的环境无疑是雪上加霜。有鉴于此，有识之士强调，地中海已成为世界上最脏的海洋，拯救地中海的工作已经迫在眉睫，刻不容缓。

···➤➤ 知识点

海洋垃圾带

人类所消耗的每一片塑料，都有可能流入大海。仅是太平洋上的海洋垃圾就已达300多万平方千米，超过了印度的国土面积，如果再不采取措施，海洋将无法负荷，而人类也将无法生存。

塑料袋、塑料瓶等塑料包装如今充斥着人类的生活，"白色污染"笼罩之下，塑料已被英国某媒体评为20世纪"最糟糕的发明"。

而今，塑料的触角已经从陆地伸向海洋，在太平洋上就形成了一个面积有得克萨斯州那么大的以塑料为主的"海洋垃圾带"（得州是美国内陆面积最大的一个州，约70万平方千米）。所以，当科学家提到"那个和得克萨斯州面积相当"的海上垃圾带时，很多美国人都不敢相信这是真的。

▮▮▮ 核污染

核污染的危害

核污染是指由于各种原因产生核泄漏甚至核爆炸而引起的放射性污染。其危害范围大，对周围生物破坏极为严重，持续时期长，事后处理危险复杂。如1986年4月，前苏联切尔诺贝利核电站发生核泄漏事故，13万人被疏散，经济损失达150亿美元。

切尔诺贝利核电站发生核泄露

原子弹、氢弹在爆炸时会产生极高的温度和穿透性很强的辐射，为人类带来巨大的灾难。核污染并不是核爆时产生的瞬间核辐射直接造成的破坏，而是指爆炸时产生的大量放射性核素所带来的影响，即剩余核辐射对人的危害。

海上核试验

核爆炸产生的放射性核素可以对周围产生很强的辐射，形成核污染。放射性沉降物还可以通过食物链进入人体，在体内达到一定剂量时就会产生有害作用。人会出现头晕、头疼、食欲不振等症状，发展下去会出现白细胞和血小板减少等症状。如果超剂量的放射性物质长期作用于人体，就能使人患上肿瘤、白血病及遗传障碍。

放射性物质不仅沉降在爆炸点附近，还能飘落到非常遥远的地方，而且它对环境的辐射污染时间相当长，几千年甚至上万年都不会消失。

20 世纪 70 年代，法国在阿尔及利亚和法属波利尼西亚进行的海上核试验，致使大约 15 万名平民和军人遭受核辐射。核试验中心 5 千米以内的鱼类和海洋生物全部死亡。50 平方千米的海洋面积受到严重的核污染，大量鱼类和海洋生物受辐射影响产生变异。

核污染大事记

1979 年 3 月 28 日凌晨 4 时，美国宾夕法尼亚州的三里岛核电站第 2 组反应堆的操作室里，红灯闪亮，汽笛报警，涡轮机停转，堆心压力和温度骤然升高，两小时后，大量放射性物质溢出。6 天以后，堆心温度才开始下降，蒸气泡消失，引起氢爆炸的威胁免除了。100 吨铀燃料虽然没有熔化，但有 60% 的铀棒受到损坏，反应堆

"库尔斯克"号核潜艇残骸

最终陷于瘫痪。

事故发生后，全美震惊，电站周围80千米范围内均受到核辐射影响，核电站附近的居民惊恐不安，人们担心核电站周围受辐射的海鸟和海洋生物会影响到自身的生命安全，致使大约20万人撤出这一地区。

2000年8月12日，俄罗斯海军北方舰队"库尔斯克"号核潜艇在巴伦支海域参加军事演习时失事沉没，艇上118名官兵全部遇难。这是俄罗斯历史上伤亡最惨重的潜艇事故。大量核燃料泄漏，对所在海域构成放射性污染。

2003年8月30日，俄罗斯海军北方舰队"K—159"号退役核潜艇在被拖往修船厂拆卸途中，因遭遇风暴沉没，艇上载有10人，仅1人获救。部分放射性物质泄漏。

2004年11月14日，停靠在太平洋维尔尤金斯克军事基地的俄罗斯"K—223"号核潜艇发生局部爆炸，造成1人死亡、2人受伤。大量核燃料直接流入海中。

英国的核潜艇

2005年3月，英国王室一直钟爱的度假胜地附近的海域也难逃厄运，被核废料污染。

英国王储查尔斯和夫人卡米拉经常前往英国王太后（即伊丽莎白二世的母亲）在苏格兰的梅城堡度假。梅城堡依海而建，景色宜人，是查尔斯和卡米拉所钟爱的度假胜地。然而，当地环境保护机构调查发现，梅城堡已非"净土"，附近海域已经被核废料污染。梅城堡被污染与一个名叫开斯奈斯郡的地方有关系，开斯奈斯郡建有敦雷核电站，后来被关闭。据其内部研究人员检举，该电站秘密向附近海域倾倒核废料。联合国原子能管理局也确定该核电站附近海域漂浮着核物质颗粒，而已经沉入海底的核废料数量还不能确定。

当地一名居民向环境保护部门提供线索，称在其附近海域发现500多粒的拇指大小的核物质。测试发现，该物质已经被铯 – 137污染。由此可以判定，梅城堡附近的海域已经受到核废料严重污染，从而将之前敦雷研究站的核废料污染范围扩大。

这种在附近海域发现的核废料有拇指大小，已经被一种叫做铯－137（用作核燃料）的物质污染。这种铯－137是核燃料的组成部分。如果这种物质暴露在外，对人体健康将会产

苏格兰梅城堡

生极大危害，长期暴露之下，会引发癌症，也可能会对人的生育能力产生影响。

2009年2月，法国和英国的核潜艇在大西洋发生相撞事故，国际环保组织认为这次相撞，发生了严重的核泄漏事故。

➤➤➤ 知识点

核　能

核能的利用是人类未来能源的一个重要希望，从目前的科学技术水平看，人们开发核能的途径有两条：一是重元素的裂变，如铀；二是轻元素的聚变，如氘、氚。重元素的裂变技术，已得到实际应用；轻元素聚变技术，正在积极研制之中。不论是在核裂变反应的重元素铀，还是核聚变反应的轻元素氘、氚，在世界大洋中的储藏量都是巨大的。

海水中氘的含量为十万分之三，即1升海水中含有0.03克氘。这0.03克氘聚变时释放出来的能量等于300升汽油燃烧的能量，因此，人们用"1升海水＝300升汽油"这样的等式来形容海洋中核聚变燃料储藏的丰富。氘除了用作核武器的材料外，其他用途很多。氘最容易在高温条件下与氚实现核聚变反应，释放出巨大能量。

海洋污染的治理

HAIYANG WURAN DE ZHILI

　　海洋环境与陆上不同，一旦被污染，即使采取措施，其危害也难以在短时间内消除。因为治理海域污染比治理陆上污染所花费的时间要长，技术上要复杂，难度要大，投资也高，而且还不易收到良好效果。所以保护海洋环境，应以预防为主，防治结合，合理开发，综合利用。这应该说是保护海洋环境的基本策略。

　　保护海洋环境不仅需要有正确的海洋开发政策和先进的科学技术，还需要有一整套科学的、严格的管理制度和方法，尤其是要抓好污染源的管理，这是海洋环境保护的重要环节。海洋的自净能力也是一种资源，我们应该充分利用海域的自净能力，降低治理"三废"的成本，发展生产，同时有效地控制污染物的入海量，要避免走先污染后治理的弯路。

　　在大力发展经济的同时，各企业，特别是沿海的石油化工等企业应当积极治理工业"三废"，大搞技术革新，广泛开展综合利用，消除污染，保护和改善环境，促进经济建设。

船舶污染的治理措施

海洋不仅是天然宝库，也为大量运输货物提供最经济的途径。海上运输是各国人民文化交流的重要手段，同时也是天然的交通大道，随着工业技术极大发展以及人口的快速增长，海上货运量逐年大幅度增长，船舶的吨位和尺度也在不断地增加。但随之而出现的问题也越来越引起我们的重视，即海洋污染问题。船舶在营运过程中，不可避免的直接或间接地把一些物质或能量引入海洋环境以致产生了损害资源，危害人类健康，妨碍包括渔业资源在内的各种海洋活动，造成了海洋污染。船舶造成的污染有以下几个特征：

（一）船舶污染物质的多样性。船舶排放的物质有油类、毒性有害物质、船舶垃圾、船上生活废水、噪音等。其中主要的是油类物质，来自船舶任意或意外排放。

（二）船舶污染具有流动性，无国界性。海水的流动性、船舶的移动性决定了由船舶进入海洋的污染物不可能局限在或固定在某一点而静止不动。一次污染可能会波及多个国家，给污染的治理造成诸多不便。

（三）船舶污染是一种特殊的海上侵权行为，属于环境侵权行为。污染物质进入海洋是由于人为因素而不是自然因素，也就是说污染行为在主观上表现为人的故意或过失（如洗舱污水、机舱污水未经处理排入海洋）。在这种侵权行为关系中，与船舶污染有关的人为侵权人，包括船舶所有人、经营人、承租人和对环境污染事件负有直接责任的人员；污染受害人为沿海国家、当地政府、居民、渔民和企业。

（四）船舶污染危害性强，范围广。船舶污染使海洋水质受到损害，海洋生物的栖息环境遭到破坏，严重影响海洋本身的调整功能，给海洋生态环境、海洋生物资源、海洋渔业生产等带来严重危害，从而影响到全球生态平衡，严重威胁人类的生存环境。

对于船舶污染的治理，应采取以下措施：

（一）加强我国船舶污染防治立法，建立和完善我国的海洋环境法体系，坚持船舶污染防治立法和我国整个环境法律体系（特别是海洋环境法律体系）的统一性，正确处理船舶污染防治立法与相关海洋环境法的共性和特性关系，坚持在全面系统审查现有船舶污染防治立法的基础上进行必要的修改和补充，将重点立法与一般立法结合起来，完善海上船舶污染防治立法的同时制定全国性的内陆水域船舶污染防治法规。在加强国内船舶污染防治立法的同时，学习和借鉴外国船舶污染防治立法的先进经验和行之有效的管理办法，采用各国通行的船舶污染防治和海洋环境保护制度与措施，并根据实际需要，尽可能地参加有关公约，应尽力与国际接轨，将国际公约具体化、国内化。国际条约是现代国际法的重要表现形式，在国际关系中，国家依国际条约承担了国际义务，就有责任使其国内法与其国际义务保持一致，因此，依据有关国际公约对海洋环境保护法做出修订是完全必要的。21世纪是海洋事业大发展的时代，这就要求我们必须从战略的高度，重视海洋、善待海洋。修订法的实施，不仅完善了我国在海洋环境保护方面的立法，而且对强化海洋环境管理、进一步保护和改善海洋环境，保护生态平衡，促进我国经济和社会持续发展起重要作用。

（二）进一步提高海洋环境保护意识，尽量减少或避免人为因素造成的污染。针对操作性船舶污染，加强宣传教育，使广大船员充分认识污染海域的危害性，帮助他们了解防止污染、保护海洋环境的重大意义，增强防污意识。加大处罚力度，对违章操作带来严重污染或屡教不改的船舶，对其采取处罚措施，加强对水域污染情况的监督检查，努力将海域污染降到最低限度。严格贯彻落实有关防止船舶污染的法律法规，并根据有关国际公约的要求，提高管理标准，改善船舶防污设备的配置，使船舶具有较强的处理废弃物的能力。各类船舶均应按规定装备油水分离装置，港口建设含油污水接收处理设施和应急器材。同时要加大舆论宣传力度，增强全民环境保护意识，激发民众对海洋环境保护工作参与热情，发挥群众的监督作用，争取社会各界对海洋环境保护工作的关注与支持，只有思想上引起重视，才是彻底根除海洋污染的最有效的前提。

赤潮的预防措施

近年来，我国沿海频繁发生大面积赤潮，主要原因与工农业废水和生活污水的大量排入海洋、海水养殖业的扩大、沿海开发程度的提高所导致的海域富营养化越来越高有关；同时，也与国际海运的发展导致有害藻类的引入有关。

为防止赤潮发生，以下几点应当引起我们的注意：

（一）控制污水入海量，防止海水富营养化。海水富营养化是形成赤潮的物质基础，沿海地区人口密集，工农业生产较发达，每年都有大量的工业废水和生活污水排入海中。而且，随着经济的进一步发展，污水入海量还会增加。因此，必须采取有效措施，严格控制工业废水和生活污水向海洋超标排放。按照国家制定的海水标准和海洋环境保护法的要求，对排放入海的工业废水和生活污水要进行严格处理。海水养殖应积极推广科学养殖技术，加强对养殖业的科学管理，减少养殖废水对海洋环境的污染。

（二）建立海洋环境监视网络，加强赤潮监视。仅凭国家和有关部门力量，对海洋进行全国监视很难做到。各主管海洋环境的单位，沿海广大居民，渔业捕捞船，海上生产部门和社会各方面力量要积极参与，开展专业和群众相结合的海洋监视活动，扩大监视海洋的覆盖面，及时获取赤潮和与赤潮有密切关系的污染信息。

（三）改善水质和底质生活环境。在赤潮多发区，养殖某些海藻吸收富余的氮和磷，可以减少赤潮的发生。在日本，还有利用海底耕耘机在有机物堆积的底泥上拖曳，使底泥翻转，促进有机物分解，达到改良底质的目的等。应用黏土改良和底质环境；撒播石灰，可起到促进有机物分解、改善底质、抑制磷释放、防止水体营养化、灭菌消毒和防止发生硫化氢等作用。此外，海洋清洁剂也可作为净化水质和底质的改良剂。

（四）减缓海水养殖业自身对海洋生态环境的影响。由于人工养殖主要靠投饵，而残饵的长期积累和腐败分解，会提高水体的营养盐浓度，尤其是网箱养殖易于导致富营养化的发生和有毒甲藻的大量繁殖。因此，应选择一些水质有净化能力的养殖品种进行多品种混养、轮养和立体养殖，充分利用水体的合理开发等。

（五）发现赤潮后的措施。一旦发生赤潮现象，发现者应以文档、拍照、摄像等方式记录赤潮发生的时间、地点、海况（气温、气压、风向、风速）、水色，赤潮区域范围和鱼贝类活动情况，并及时就近报告当地海洋管理部门。渔民在发现赤潮后，不应在该水域进行捕捞和采集生产，也不宜在赤潮发生水域进行游泳和其他水上活动。水产养殖区关闭取水口，赤潮发生区和可能影响范围的养殖网箱应及时转移。为了便于判断赤潮的影响，建议发现者及时采集赤潮样品。采集赤潮水域的水体 500mL，用 5% ~ 8% 的甲醛溶液固定（在采样瓶中加 25 毫升左右的甲醛溶液），同时采集赤潮发生水域的野生贝类或养殖贝类，低温保存，尽快就近送交有关科研单位分析鉴定。

██ 变"废"为宝防污染

1967 年 3 月 18 日，美国一艘超级油轮满载 12 万吨原油从波斯湾驶往英国的米耳福特港。当日夜晚，油轮驶入英吉利海峡中的塞文—斯托文思暗礁群，撞礁船沉。原油像决堤的洪水一样涌入大海，污油随波漂上海岸，拍打着英国美丽的海滨——肯福尔群岛 160 千米长的海岸。三个星期后，漂油又出现在法国北部海滨疗养区。

1970 年 4 月间，"平静的大洋号"油船在南非附近海面失事着火，大量石油倾泻入海。

除了倾泻进海洋的石油外，大量的工业废水、废渣也被人们直接排入海洋。据不完全统计，至今海洋里已经积累了 70 万吨农药。日本一年排到海里的污水就达 130 多亿吨。美国更多，达 200 多亿吨。工业废渣的入海量更是大得惊人，美国每年排入大海的废渣达 7000 多万吨。据粗略统计，我国沿海地区每年工业废水和生活污水的排放总量也有 200 亿吨，其中进入海洋的约 80 亿吨以上。30 年来大连湾沿岸 10 多个单位向湾内排渣，不仅使 250 万平方米的海域变成了陆地，还造成航道淤塞、海水污染、海洋生物大量减少等后果。由于 500 多家工厂的污水和各种污物排入湾内，原有的 7 处海参养殖场、两处扇贝养殖场和海带养殖场全部关闭。

渤海湾，由于工业废水排入，使湾内原来盛产的带鱼、小黄鱼、鲳鱼、鲈鱼和梭鱼现已基本绝迹。

人类只有一个地球，而地球上只有几片大海。大海是人类的第二生存空间，保护环境、防止大海污染、减轻大海污染，已经越来越引起全球的重视。

人类在呼喊：大海不能再是"垃圾箱"然而问题在于污染大海的有害废物如何处置。

科学家们认为，转变观念，变"废"为宝是防治污染的重要途径。手段之一就是综合利用。以排放量最大的一种工业废渣粉煤灰为例，我国粉煤灰年排量达 3700 万吨，占世界总排放量的 1/10，可是我国目前的利用率低于 10%，大量粉煤灰流失到海洋里。其实，粉煤灰的用途相当广泛，除了用来制砖外，还可以用作水泥掺和料、黏土配料，作肥料和改良土壤，制作陶瓷、铺路等等。粉煤灰的综合利用前景十分广阔。山东莱州湾沿岸的招远化工厂，以往把有害的废物倾入大海，污染严重。如今，在生产中把每一种废物都变成了新产品，解决了污染问题，由"废"变宝的产品品种发展到 12 个，产值增加了 2274 万元，真是一举多得。手段之二是回收利用。据估计，目前社会需要的最终产品仅用投入原料的 20%~30%，有时甚至只用 1%~2%，其余的部分全当废物抛弃而成污染源。全世界每年就有几十亿吨这样的污染物倾入海洋。其实，许多"废物"可以回收再利用。1970 年，我国塑料总产量为 239 万吨，用过的塑料有 62.6 万吨被烧掉。大量用过的塑料被埋入地下或倾入大海，变成污染物，只有 7.5 万吨被回收再利用。如果我国将这些用过的塑料全部回收利用，不仅可以减少"废物"对海洋的污染，而且从经济角度来看也很合算。以上海为例，1972 年，全市共回收黄金 180 千克，白银 22 吨，铁 10 万余吨，废纸近万吨，收回"废品"，变"废"为宝，减少了污染破坏。

此外，利用海洋自己的"消毒"能力。大海不仅是水体流动、混合等物理作用，还有化学和物理化学作用及生物作用。它们都可以在不同程度上使有毒有害的污染物变成低毒或无毒无害，从而减轻或消除污染物可能造成的种种危害，利用海洋自净能力的最好办法是用管道将污水输送到离海岸一定距离的海底，然后用多孔扩散器排放。这样，既达到了污水有出路，又保护了沿岸风景旅游区和水产养殖的双重目的。

治理石油污染的方法

生物修复技术

处理石油污染废水的生物技术主要包括活性污泥法、氧化沟法、生物膜法等。

1. 活性污泥法是借助曝气或者机械搅拌，使活性污泥均匀分布于曝气池内，微生物壁外的黏液将污水中的污染物吸附，并在酶的作用下对有机物进行新陈代谢转化。自20世纪80年代，石油废水普遍采用的二级生物治理方法是传统活性污泥法。采用SBR法处理油田采出水，结果表明，COD去除率为80%~90%；出水满足行业的排放标准。通过研究SBR以及投菌SBR法处理炼油废水中污染物的效果，实验结果表明，废水中各种污染物的去除率分别为：COD93.5%、石油类98.6%、总氮89.8%。SBR工艺是一种新型的高效废水处理技术，是对传统活性污泥法的改进。该方法具有固液分离效果好、工艺简单、占地少、建设费用低、耐冲击负荷强、温度影响小、活性污泥状态良好、处理能力强等优点，是处理石油废水的一种具有前景的处理方法。

（a）再生段与吸附段分建

（b）再生段与吸附段合建

活性污泥法

2. 氧化沟法对各种含高COD、BOD、油类等有机废水的深度处理十分有效。它的曝气池呈封闭、环状跑道式，污水和活性污泥以及各种微生物混合在沟渠中作循环流动。氧化沟法在处理含油废水方面应用实例比较多，但是其处理效果没有达到处理要求。有很多企业都采用了氧化沟工艺，其处理出水水质与进水水质有关，只有确保一定的进水水质时，出水才会达到理想的处理效果。专家们根据工艺原理分析了氧化沟不能取得理想处理效果的原因，提出了很多的改善对策。在氧化沟现有处理能力和工艺特色的基础上，有人探索出了一套投菌氧化沟曝气的处理方案，实验结果表明，在相同的水力停留时间等条件下，可以将去除率提高10%左

氧化沟处理厂

右，如果要得到相同的去除率可以大大缩短水力停留时间，且出水COD值可以更低。与活性污泥法相比，氧化沟具有很多优点：工艺简单；不仅可以去除BOD和SS，还可以达到脱氮除磷的效果；设备少，操作管理简便；低温，有更大适应性等。氧化沟是活性污泥法的发展，但是只有满足工艺要求时，才能发挥去污效果。

3. 目前应用较广泛的生物膜法主要包括生物转盘、生物流化床、接触氧化法和膜生物反应器等。（1）生物转盘是利用较大的比表面积，在低能耗的条件下转动产生高效曝气，使得氧气、水和膜之间有较好的接触。盘片表面附着的膜状微生物在其新陈代谢的过程中对有机污染物进行无害化降解。曹明伟利用环境微生物技术，开发出高温优势菌生物膜法处理采油废水，实验结果表明：硫化物的平均去除率达98%；挥发酚的平均去除率为91%；COD平均去除率为68%；氨氮平均去除率为82%。（2）生物流化床处理技术是借助流体使表面生长着微生物的固体颗粒呈流态化，同时进行去除和降解有机物的生物膜法处理技术。影响其处理效果的因素有载体的选择、菌种的筛选

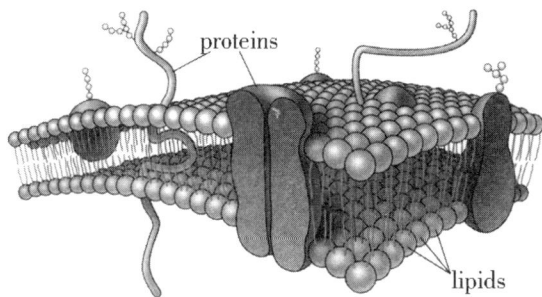

proteins

lipids

生物膜

等。崔俊华等在"三套"工艺的基础上添加了三相生物流化床部分，且采取了高效油降解菌以及漂浮和悬浮填料并用的措施，使出水油浓度降为3.5～4.9毫克/升，为一种被广泛采用并逐渐成熟的生物深化处理技术。龚争辉应用接触氧化工艺对采油废水进行了现场的实验研究，废水中的COD和油的去除率分别为42.2%和89.3%，最后出水能达到排放标准。（3）接触氧化法除了可以降低COD，还可以用于去除氨氮，尤其适合应用于炼油废水的净化。庞金钊的实验结果表明，用接触氧化法工艺处理COD≤500毫克/升的石油废水时，硝化细菌是优势菌，能同时有效去除氨氮和COD等。接触氧化法可以克服活性污泥法容易污泥膨胀和超标排放的缺点，具有有机负荷高、抗冲击能力强、对废水中的毒物忍耐力较大等优点，而且对氨氮也有较好的祛除效果。接触氧化法多用于深度处理含油废水，其技术关键在于对进水可生化性的控制。

···▶▶▶ 知识点

微生物吞食法

这种方法是人工培养的石油清污微生物。将这些微生物大量抛散在石油污染水域来迅速吞食泄漏出来的石油。这种方法尚不成熟：①为了激活这些微生物去吞食石油，需要在抛撒微生物的同时，加入大量的氧、氮、磷酸盐；②只适用于小面积污染区和被拦截的污染区域，否则这些微生物将如同脱缰野马，很难控制，造成严重后果。

化学消油剂

化学消油剂是表面活性剂、溶剂及少量助剂复配而成的油处理剂。其作用机理是利用表面活性剂的乳化作用，使油膜乳化形成O/W型乳状液。溶剂能降低油类黏度，使其易于乳化。而少量助剂能促进乳化分散过程，提高乳化效率，增加乳状液的稳定性。

当将足量的化学消油剂喷洒在溢油膜上时，表面活性剂分子即刻在油—水界面上发生定向吸附，亲油基伸向油，亲水基伸向水，使界面张力大大下降，并形成具有一定强度的界面膜。其结果削弱和降低了油膜的黏聚性，使油膜易于乳化分散成小油滴而转入水体中，尤其是在外动力（由风、浪或工作船引起）作用下，能加快其乳化分散过程而形成 O/W 型乳状液。且其沉降深度不超过3米，易于在海面上扩散，并经历物理的、化学的、生物的变化而使其消失。

化学消油剂能快速形成水包油型微粒子，降低了油分浓度，增大了油粒子的表面积。利于石油的溶解和蒸发、生物降解和氧化作用（主要是光氧化反应）的进行，加速自然净化消散过程；同时使水生生物不能与油粒子表面直接接触，避免或减少了石油对水生生物的毒害；

喷洒消油剂

使石油失去了黏附力，不再黏附船舶、礁石和海上建筑物；防止形成油包水型乳状液（巧克力奶油冻），减少了石油沉积；在海浪高于1.5米，不能使用围油栏和撇油器等机械清除溢油的情况下，选用直接喷洒消油剂的方法，实现对海面大面积溢油的控制和清除处理；可减少烃类扩散，减少爆炸和火灾危险。

在短暂时间内化学消油剂的局部浓度较高，可能与水体内的生物有短暂接触，会给某些生物的发育生长带来影响。市场上流通的化学消油剂，对高黏稠油（如高黏度重油、高蜡质油等）以及在低温（10℃以下）下使用，还存在着乳化率低或无效的弱点。费用昂贵，消油剂的用量起码为溢油量的20%以上，以30%～40%为好，而有时在处理黏度小或薄油层时耗量更可达到溢油量的100%。在实际处理大规模油膜时，采用如此高的消油剂和溢油量的比值导致处理价格相当高。消油剂通常要采用特殊装置如船舶、飞机进行喷洒，飞机喷洒用于处理不规则的大片油膜，覆盖海面的油膜厚度不一，所喷的消油剂不可能都与油膜相遇，造成消油剂的大量浪费，增加了处理成本。

➡ 知识点

化学分散法

这种方法采用的分散剂是由溶剂和表面活性剂组成。溶剂是表面活性剂的载体，同时也能扩散石油。表面活性剂则能将石油分解成易被海洋微生物吞食的液滴。这些小液滴被潮水冲散后，分布在 1 米左右深的海水中，然后被海洋微生物吞食。但该法在清除海上油污时也会对鱼类等海洋生物造成二次污染，并且它的处理速度较慢。

绿色环保吸油毡

吸油毡是目前处理海上溢油污染事故的有效材料之一，它主要将水面溢油直接渗透到材料内部或吸附于表面，以便于回收溢油，通常有聚氨酯、聚乙烯、聚丙烯、尼龙纤维和尿素甲醛泡沫等材料。我国行业标准规定，其吸油性应达到本身重量10倍以上，吸水性为本身重量10%以下，持油性保持率80%以上，在淡水、海水中无溶解性和变形现象。其材质按其原属性分为天然吸附材料与合成吸附材料，其合成吸附材料是人们常见的，也是最常用的吸油毡。

投放吸油毡

最近，新加坡研制成功了一种质地类似纸的吸油材料，是由很多非常细的纤维组成，它们可以有效地将水和石油及其他一系列含有碳的有毒物质分开。这种纤维吸收的油量可达本身重量的 20 倍。据介绍，该产品利用的是荷叶原理，荷叶上的露水可以像珍珠一样滑过，又不会打湿荷叶。所以它的吸收性能强，而且可回收再利用，从长远看还可以节省大量材料费用。预计这种新型绿色环保的吸油材料将在未来5年广泛用于吸收泄漏的原油和有毒物质。

·····➤➤ 知识点

油污吸附法

这种方法是采用高性能的吸油剂来吸附海面上的石油，然后将吸油剂收集清理，以达到清除海上油污的目的。目前，科学家用稻壳制成一种称为AS-SW的活性炭吸油剂，该吸油剂不需要用中和油制的化学制品，成本只有其他吸油剂的1/10。经实验，1千克的ASSW能吸附6.8千克的油和水，而且对海洋不会造成二次污染。

监测石油污染的手段

海上溢油遥感监测

世界各地的海事国家都积极参与海上溢油的监视和遥感监测，这种监视活动主要是搜寻船舶、管道及石油钻井平台等经常性或慢性的各种油的泄漏。最近几年关于溢油监测的研究都集中在卫星遥感上，特别是像ERS—1、ERS—2、Radarsat—1和JERS—1雷达卫星对海洋溢油的监测受到许多国家的重视。但还是有很多国家用航空遥感来监测海上溢油。由于溢油在广阔海面上的风、浪、流作用下，具有动态特性，航空遥感系统在溢油应急处理过程中还是起主导作用。航空遥感在部署上的灵活机动性及遥感器的可选择性等优点，对溢油应急处理来说都是至关重要的。而卫星遥感主要在确定溢油位置和面积等方面能够提供整个溢油污染水域宏观的图像。在灾难性的大量油类泄漏的情况下，卫星遥感和航空遥感都被用来跟踪监视溢油的漂移和扩散。

目前全球在轨的人造卫星达到3000颗，能提供数据和图像为遥感、定位导航、通信传输服务的约有500颗，其中对地观测卫星近30颗。在对地观测卫星中只有合成孔径雷达卫星能有效用于海上溢油监视。现正在运行的合成孔径雷达卫星主要有加拿大 RSI 的 Radarsat—1，欧空局的 ERS—2 和 Envisat—1。

Radarsat—1 SAR 具有多模式、多波束成像的能力，用户可选择入射角、分辨率和幅宽。其入射角可选20°~50°，分辨率可选10~100 米，幅宽可选 45~500 千米。该星重访周期为 24 天。通过选择工作模式、控制成像幅宽以及采用编程服务可为用户提供 7 天的重复观测。

ERS—2 SAR 数据幅宽 100 千米，分辨率 30 米，重访周期 35 天。

Envisat—1 是 2002 年 3 月刚发射的一颗卫星，该星所载的高级合成孔径雷达 ASAR 有 400 千米的侧视成像范围和多种视角，其分辨率为 30 米，重访周期 35 天。

Radarsat—1 卫星

按照正常程序，只有在卫星经过溢油事故发生地点所属轨道时才能获取数据资料。由于只有 Radarsat—1、ERS—2 和 Envisat—1 这 3 颗卫星可用于溢油监视，从它们的技术参数可以看出进行溢油连续监视的周期较长。虽然利用编程服务能缩短卫星数据获取周期，但普通用户都至少要提前几天向卫星运行控制部门请求编程服务预定指定数据。即使当天卫星经过溢油事故发生地点，从接收部门获取数据到用户得到卫星监视图像的过程最快也需要 2 天时间。因此，按照正常的数据获取程序，利用卫星遥感较难达到连续监视溢油的目的。

航空遥感和卫星遥感监视海上溢油是世界各国普遍采用的方法。从现状调查资料分析发现，发达国家都积极运用航空遥感监测海上溢油，其中大约有 1/2 国家同时也运用卫星遥感监测海上溢油。卫星遥感适合监测大面积的溢油污染，航空遥感则适合海口小面积、海岸（石头、沙子）、植物上等的溢油污染，特别适合指挥清除和治理工作。合成孔径雷达（SAR）卫星是唯一被部署用来执行跟踪监测海上溢油的日常任务的卫星，这清楚地表明这种遥感器的日夜、全天候监测海上溢油的能力。

在我国，已经有过利用卫星遥感监视溢油的研究，而且也应用到溢油事故的污染监视中。但从卫星遥感数据中提取溢油信息的理论研究还不成熟，在溢油事故的监视中所使用的基本都是气象卫星遥感数据。气象卫星接收信号依赖于太阳辐射，其工作波段对溢油特征光谱不

空中检测挪威海岸

敏感，分辨率也较低，一般为1.1千米，这些缺点使它难以有效地监视溢油。国外20年的研究表明，合成孔径雷达卫星是监视溢油最有效的卫星遥感工具。目前我国通过解译雷达卫星数据提取溢油信息的研究还处于起步阶段。为充分利用雷达卫星遥感来监视溢油，可以采取以下两种措施：

1. 加强解译雷达卫星数据提取溢油信息的研究。这样，用户可以直接对从卫星数据接收部门获取的数据进行分析，提取溢油信息。

2. 建立快捷获取卫星遥感数据的渠道，这样才能对溢油进行及时的和连续的监视。我国不是《空间与重大灾难国际宪章》的成员，不能要求启动《宪章》来为我们服务。但我们可以直接与国外的空间部门、国内的卫星接收部门或代理签订有偿服务协议，参照《宪章》的工作方式，使我们在溢油事故发生时也能快速得到溢油监视数据。

"油指纹"鉴定技术

资料显示，海上船舶油污染事故呈上升趋势，为调查处理这些事故，海事主管机关常运用多种调查手段，其中，溢油鉴定是一项重要的科技手段。1982年4月6日，烟台海事局水域环境监测站（中国海事局烟台溢油应急技术中心海事鉴定实验室的前身）经交通部港务监督局批准成立，交通部先后投资800多万元，建设实验室用房，配备了符合国际海事组织（IMO）推荐标准的4台套大型化学分析仪器。在20多年的发展历程中，该中心已拥有了

符合 IMO 溢油源鉴定标准的荧光光谱仪、气相色谱仪、红外光谱仪和色质联用仪等分析仪器。利用这些先进设备，采用科学的分析方法，可分别获取海上溢油和嫌疑溢油源的"油指纹"，通过相互比对分析得出鉴定结论，为判定溢油源提供证据。同时，还可判定污染损害的范围和污染程度，并可进行水中油含量的定量分析、危险品污染的污染源鉴定和部分危险货物的性质鉴定。

另外，该站还可采用红外光谱—红外显微镜仪，测定船舶碰撞时转移油漆和嫌疑船舶油漆中有机成分的红外光谱图，经过比对分析，为判定碰撞肇事船舶提供证据。监测站所配备的具有国际领先水平的美国尼高力傅立叶变换红外光谱—红外显微镜联机系统，可对最小直径为 50 微米的微量油漆进行鉴定分析，并提供准确可靠的油漆物证鉴定结论。

2006 年 2 月 26 日，该站和烟台海事局溢油应急技术中心合并，组建成了中国海事局烟台溢油应急技术中心。

石油是由上千种不同浓度的有机化合物组成。这些有机物是在不同地质条件下，经过长期的物化作用演变而成。因此，不同条件或环境下产出的油品具有明显不同的化学特征，其光谱、色谱图因此而不同。同时，因制造、储存、运输、使用的环节不同，更增加了油品光谱、色谱图的复杂性。油品光谱、色谱图的复杂性如同人类指纹一样具有唯一性，因此，人们把油品的光谱、色谱图称为"油指纹"。

就燃料油而言，两艘船舶即便是在同一个地方加了同一种油品，由于船舶自身情况的千差万别，其油箱"油指纹"也不会相同。就机舱舱底油污水来说，它的构成极为复杂，是混合了船机油、液压油、生活污水等液体形成的，因此世界上绝不会出现两种完全相同的舱底油。也就是说，世界上不同源头的油品不可能出现完全相同的"油指纹"。

因此，鉴定实验室利用荧光光谱仪、液相色谱仪、气相色谱—质谱联用仪等先进仪器，对送检的各种嫌疑溢油源的油样进行分析，并将检验出的"油指纹"特征与污染水域环境的溢油的"油指纹"特征进行比对，从而判定到底是哪艘船舶污染了水域环境。

溢油鉴定广泛应用于溢油污染事故调查处理中，是确定船舶溢油事故污染源的重要的科技手段之一，在污染事故调查处理中发挥着非常重要的作用。

首先，溢油鉴定技术能为船舶溢油事故调查处理提供科学有力的证据支持。在溢油鉴定技术未广泛应用之前，主管机关在海上船舶溢油事故调查处理时，为查找肇事船，一般采用询问嫌疑船舶有关当事人、勘查船舶管系和溢油现场、分析风流对溢油流向的影响、排除其他嫌疑溢油源等方法确定肇事船舶。但通过这些方法获取证据存在着随意性、不科学、不确切、易失真，证据证明力度不够等问题，尤其是船舶操作性溢油，现场证据易被人为破坏，事故调查困难。溢油鉴定技术的应用，有效弥补了其他调查手段的不足，保证了事故认定的准确性和科学性，同时也为事故的进一步处理和索赔，提供了合法有力的证据支持。

实际工作中，在溢油事故发生地距鉴定机构较远，船期紧张的情况下，调查人员可先展开初步调查，收集有关证据，然后对全部嫌疑船舶采样，将样品送往鉴定机构进行全面的技术鉴定，根据鉴定结论，并辅以其他证据最终确定肇事船舶。

其次，溢油鉴定对污染事故调查也具有很强的指导意义。一般港口、码头发生污染事故时，经常有多艘船舶同时在港，调查范围广、难度大。但是，有了溢油鉴定作技术指导，调查人员就可在污染事故发生后，迅速对全部嫌疑船舶同时采样，并送往鉴定机构，通过鉴定排除其他船舶，缩小嫌疑范围，然后集中力量对嫌疑船舶展开调查。另外，溢油鉴定技术能迅速地确定溢油来源和种类，调查人员可据此开展有针对性的调查，从而提高调查效率，最大限度地减少船舶滞港时间。

20多年来，该实验室积极开展海事行政鉴定实践与探索，充分利用高科技手段，在海事鉴定方面发挥了积极的作用，为国家挽回经济损失达9000多万元。2002年，海事鉴定实验室被交通部授予"交通行业环境监测先进单位"荣誉称号。

1991年7月26日，大片油污飘向烟台第一海水浴场，许多游客身上沾满油污，相关的旅游服务也被迫停营。实验室通过对3艘嫌疑船舶油样品鉴别分析，认定海面污油系英国籍"联期"轮所致。烟台海事局要求船方在开航前查明事故原因，但船方难以找到溢油原因。28日下午海事执法人员在"联期"轮围油栏内发现了新溢出的污油，随即带领"联期"轮船长去勘现场。"联期"轮的船长辩解说，可能是烟台港池下面有油田。后经潜水员水下对"联期"轮船体探摸，查出了船舶漏油管口。船方终于根据水下探摸情况，找到了漏油原因。至此，船方对实验室的鉴定心服口服。烟台海事局依法对该轮进行罚款，并由船方支付了海水浴场及有关单位的经济损失。

2000年6月18日，烟台港26号泊位发生烟台港开埠以来最大的港内溢油污染事故，烟台海事局水域环境监测站参与采集3条嫌疑船油样品共12个，经化验分析，得出了利比里亚籍"冷藏1"号轮的机舱舱底污油样品与海面溢油指纹特征一致的鉴定结论，为案件的侦破起到了决定性作用。随后，尽管"冷藏1"号船长百般抵赖，事故调查人员还是通过对海面溢油方向模拟分析、机舱设备检查和溢油化学鉴定，形成了一系列的证据体系，"冷藏1"号为肇事轮已确定无疑。6月21日，烟台海事局对"冷藏1"号发出处罚通知，鉴于该轮违法排污造成污染，而且不立即采取措施也不向主管机关报告，按照《中华人民共和国海洋环境保护法》有关规定，对其处以30万元的罚款，并承担全部经济损失。在法定时限内，肇事轮没有提出任何申辩，并交付了30万元人民币的罚款。这是新《海环法》生效后，海事鉴定实验室鉴定的第一个大型船舶污染案，该案件的调查处理结果作为2000年度我国向海事组织报告的案件之一。

2005年5月14日，天津新港水域发生了一起船舶溢油污染事故，当时正在港口作业的巴拿马籍"SINAR"轮和伯利兹籍"WISHES"轮均存在重大肇事嫌疑。天津海事局迅速对现场的海面溢油和两艘嫌疑外轮的舱底污油、燃料油等8个部位进行了油类取样，于17日将19个油类样品，通过特快专递发往烟台海事局，请求提供物证鉴定支持。为判明真相，海事行政鉴定实验室迅速对油样进行了系统鉴定分析，最终通过"油指纹"鉴定技术，5个小时内判定巴拿马籍船舶即为此次溢油污染肇事船，同时排除了伯利兹籍船舶的肇事嫌疑。

实验室准确而高效的鉴定技术，对调查事故真相的海事人员来说，是一个有力的工具；而对于那些在肇事之后想拒不承认的人而言，则是令他们心生畏惧的利器。

为了保证溢油事故中采样和鉴定程序的合法有效，监测站执法人员还配合中华人民共和国海事局编译完成了IMO《溢油采样与鉴定指南》；在总结20多年溢油鉴定工作经验的基础上，配合部海事局完成了《水上油污染事故调查油样品采样程序规定》，进一步统一了做法，规范了化验鉴定行为。另外，他们还承担了海事行政鉴定地位、性质研究、海事行政鉴定工作的相关保证措施研究、液相色谱、气/质联用仪溢油源鉴定方法研究，研究成果对进一步丰富海事行政鉴定理论、提高鉴定技术水平，更好地为调查处理溢油事故服务有十分重要的意义。

知识点

拦截撤捞法

这种办法在石油泄漏的初期最为有效。它能使石油在水面扩散之前，尚未形成油水胶冻体时，把飘浮在水面上的石油捞上来。当重大石油泄漏事故发生后，立即用长达数百米或上千米的栅栏截成防护圈，水面漂浮边缘可充分膨胀，形成一道水上屏障，防止石油扩散蔓延，再辅以一种只吸油不吸水的网具将聚集在防护圈边缘的石油吸取上来，用轧液机挤出后收集。但是，这种方法在遇到狂风恶浪的天气，或者出事地点地势复杂时，就很难奏效了。

保护海洋环境的具体措施

BAOHU HAIYANG HUANJING DE JUTI CUOSHI

据资料表明，海上污染的80%来自陆地，陆源污染物向海洋转移，是造成海洋污染的主要根源。除此之外，来自大气层中的烟尘和一些化学物质也源源不断地归入海洋，某些国家沉放在深水区的放射性物质也有增无减等等。如今的海洋再也承受不了日益加重的污染负担，人类不能等到海洋的蓝色消失后，再来控制污染、整治海洋。当务之急是制定并实施保护海洋环境的具体措施。

海洋环境保护是在调查研究的基础上，针对海洋环境方面存在的问题，依据海洋生态平衡的要求制定有关法规，并运用科学的方法和手段来调整海洋开发和环境生态间的关系，以达到海洋资源持续利用的目的。

总之，人类应该从失误中尽快觉悟，按自然规律办事，不断提高科学文化素养，树立科学发展观，健全必要的管理法规，依法治理，还海洋一个清洁的水体，让海洋造福人类。我们应该牢记：污染海洋，就是危害人类自己！保护海洋，就是拯救人类自己！

确立海域使用管理制度

海洋产业在各沿海国家经济发展中的地位日益重要，海洋产值亦呈快速增长趋势。而伴随着开发利用海洋活动的密度和强度的增加，海洋利用的秩序出现了混乱，海洋环境和海洋资源也受到了严重破坏。为了合理开发利用海洋及其资源，促进海洋产业的协调、可持续发展，保护海洋所有权人和使用权人的权益，沿海各国相继加强了对海域使用与管理的立法。

各国海域使用管理制度的确立

英国的海域使用管理制度立法概况

在历史上，英国曾一度是世界上最为发达的海洋大国，其海域使用与资源开发历史悠久，海洋科学技术一直处于世界前列，海洋产业在其国民经济中占有着重要的地位。而关于海域使用的立法，也向来为英国政府和立法机关所重视，其海域使用制度颇为发达并为各沿海国家所效仿。

英国在海域使用制度方面的基本法律，是 1961 年制定的《皇室地产法》。该法以潮间带和 12 海里领海属英国皇室地产这一历史传统（该传统来源于古罗马法的"公共托管原则"）为立法依据，规定使用这些皇室地产修建港口、码头、栈桥、管道，围海、填海，进行水产养殖以及海底矿砂开采等，必须获得皇室地产委员会的许可，由其颁发海岸或海域使用证，并须缴纳租用费（地租）。该法是目前英国调整海域使用活动的主要法律。在此之前英国还颁布有《海岸保护法》，该法要求成立海岸保护委员会，以行使海域使用过程中海岸保护的权力；涉及海岸保护费用的条款在该法中占据了相当比重，该法规定为加强海岸的保护，任何通过开展与海岸有关的工程而受益的人员，均须向当局缴纳费用。以这两部法律为依据，英国建立了完备的海岸与海域使用许可制度和有偿使用制度。

由于英国近海海域油气资源相当丰富，在其海洋资源中占据首要地位，为有效地管理和促进近海油气开发，英国于 1964 年专门颁布了《大陆架石油

英国立法机构

规则》。该规则规定，英国及其殖民地公民、在英国居住的个人和在英国设立的法人均可依据该规则申请在其领海下的底土或任何特定区域的底土中进行石油勘探和生产的许可证，但持证人应在许可期间内按规定的方式缴纳矿区使用费及其他规费。该规则还有 3 个附件，即勘探许可证和生产许可证申请书格式、勘探许可证标准条款和生产许可证标准条款。

此外，由于英国的海岸带管理是当做土地利用规划系统的一个方面来对待的，所以，其于 1971 年颁布的《城乡规划法》也涉及海域使用问题。依据该法，任何开发均须事先得到地方规划局的同意，海域的开发使用也不例外。另外，其 1974 年颁布的《海上倾废法》也与海域使用有关。依据该法，除非得到许可，禁止从车辆、船舶、飞机、气垫船、海洋或陆地构筑物上向海中或有潮水域永久性地投弃任何物质，以保护海洋环境。

美国的海域使用管理制度立法概况

美国海岸线全长 22680 千米，是世界上海岸线最长的国家，其 75％ 以上的人口均居住在邻接海洋和五大湖的各州。历史上，美国对海洋的使用主要是在商业、海事运输、食物生产和安全防御等方面，其对海域使用的管理可以追溯到美国建国之前的久远年代。自 20 世纪 30 年代以来，由于全球涉海经济的发展，海洋利用越来越受到各国重视，美国亦逐步加强了有关海域使用的立法。至 70 年代，其海域使用管理的立法达到高峰，并基本形成了一套有关海域使用管理的法律体系。进入 80 年代，立法重心则转到对这些法律的修订上。到目前为止，美国已形成了较为成熟的海域使用管理的立法体系，在若干制度上也较为先进。应该说，美国的海域使用立法基本上是立足于管理的角度，但透过这些立法，我们也不难捕捉到其海域使用权制度的大体轮廓。

1945 年，杜鲁门总统发布了关于大陆架资源和渔业保护的大陆架（2667 号）和渔业（2668 号）两个公告，单方面提出了对大陆架资源的要求和在水下土地的上覆水域建立渔业养护区的权利，这两个公告基本确定了以后美国海域使用

美国海岸

的立法走向。之后，美国联邦政府和各州之间进行了一场关于领海底土及其资源所有权归属的长期论争，沿海各州及众议院力主联邦政府应放弃沿岸海域底土及其资源所有权的要求，而联邦政府和最高法院则主张联邦政府应对此拥有至高无上的所有权。争论的结果是 1953 年 5 月 23 日《水下土地法》的出台；同年，为履行杜鲁门公告而制定的《外大陆架土地法》也告颁行。根据这两项法律，沿海各州拥有领海海域底土及资源的所有权，而领海以外的大陆架土地和资源的所有权则归联邦政府拥有，由此决定了美国海域使用管理中联邦和州政府分权的原则，且在近十几年里，还出现了州政府对沿岸

美国的国会

海域之管理权力不断扩大的趋势。

1972 年，调整美国海域使用的重要法律《海岸带管理法》出台。该法强调其目的在于"达到海岸带水土资源的广泛利用，并充分考虑生态、文化、历史、美学价值和经济发展的需要"。依据该法，美国确立了海域使用活动的

基本原则——"一致性原则",并初步确立了海域使用的许可证制度和有偿使用制度,该法还对联邦和州政府海域管理的权限划分作了较详细的规定。

为了控制海水污染,保护海洋环境,美国国会于1972年还通过了《海洋保护、研究和自然保护区法》,它要求商务部制定一项长期规划,以解决海域污染、过度捕捞及海洋生态系统的人为变化可能造成的长期影响。为调整深水港的海域使用问题,美国于1974年颁布了《深水港法》,规定深水港的建造和使用应进行广泛的协调,须与国家的海洋政策和利益相对应。为了加大对海洋渔业的调整力度,美国又于1976年颁布了《渔业养护和管理法》,该法明确必须制定和实行国家渔业管理标准,建立渔业管理委员会,健全渔业保护和管理原则,它标志着美国由传统的渔业管理制度开始转向综合的渔业管理。

日本的海域使用管理制度立法概况

日本是一个四面环海的海洋国家,陆地资源匮乏,其国内资源主要来源于海洋。随着科技的发展,日本经济的重心也由重工业、化学工业逐步向海洋转移,日本经济发展和社会生活越来越依赖于海洋,有效地开发利用海洋成为日本的一个非常重要的战略。因此,较之世界其他国家,日本更为重视海域使用立法,并较早地建立了一套完整的海域使用与管理法律体系,而且,这些法律都得到了良好的实施。可以说,日本较为完备的海洋立法,对规范其海域的所有及使用,推动其经济起飞和整个国力的增强,发挥了巨大的作用。

日本对海域的利用较为充分,除航运、渔业、矿产资源及海水资源的开发利用外,还大规模地进行围海造地,建造人工岛、海上机场、工业用地、居住用地,开辟人造海滨、海水浴场、旅游基地、海滨娱乐综合设施等。因此,其海域使用立法涉及的范围颇为广泛,仅有关沿岸海域使用的法规就达24项,其中不少法律为其他一些国家所仿效。

日本在海域使用方面制定较早的法律是1921年颁布的《公有水面填埋法》,该法主要规范将国家所有的水面(其中主要是海域)填埋为陆地的行为。依据该法,任何填埋行为都必须事先获得都道府县知事的许可,该法中对准予许可的条件也作了列举性规定,如符合国土的合理利用及环保和防灾

日本人工岛

的要求、申请者要有足够的资力和信用、填埋所获收益明显超过可能造成的损害和损失等；同时，该法还对填埋权人享有的权利和义务、填埋权的转让和继承、填埋许可费用等作了详细的规定。《公有水面填埋法》在日本海域使用立法中占据重要地位，这是因为日本国土面积狭小，

围海造地成为日本拓展国家生存空间的重要手段。该法制定之后，为韩国等沿海小国所仿效。

为了规范海岸使用及其管理，防止海岸因海啸、高潮、波浪或地基变化而遭受损害，日本在1956年颁布了《海岸法》及内容详细的实施令。规定非海岸管理者在海岸保护区内进行某些海域使用活动，必须要获得海岸管理者许可，且须缴纳占用费或开采费；该法中还对海岸设施建筑的标准作了严格的限制规定。日本海域使用法律体系中另一重要的法律是《渔港法》，这是因为渔业生产在日本国民经济中占有较大比重，在世界上也位居前列，该法自1950年颁布以来，至1989年已修改了29次。但该法主要侧重渔港管理方面的规定，对私人渔业行为调整的规范很少。为弥补其不足，适应渔业发展的需要，日本于1977年颁行了《关于渔业水域的临时措施法》及其施行令，对渔业的许可及其标准作了相应的调整，对渔业费的征收、许可的撤销、附加条件等也作了细化规定。

在大规模地开发利用海洋资源的同时，日本对海域

日本国会通过《海岸法》

资源保护及环境保护也非常重视。在此方面，日本颁布有《水产资源保护法》、《水质污染防止法》、《海洋污染及海上灾害防止法》以及《濑户内海环境保护特别措施法》等。此外，日本还颁布有合理利用港湾、建设和维护港湾环境及秩序的《港规法》和《港湾法》。

韩国的海域使用管理制度立法概况

韩国虽不属世界海洋大国，但就韩国本国情况来看，其三面环海，属典型的半岛国家，加之韩国海域的自然条件优越，海洋资源丰富，海洋产业在其国民生产总值中占有较大比重，因而该国高度重视海域使用立法，其发达程度也位于世界前列。

在韩国的海域使用立法体系中，最为重要的法律是1961年颁布的《公有水面管理法》，该法以公有水面即海域、河流、湖泊、沼泽及其他公用目的的国有水流或水面以及滩涂为调整对象，使用公有水面的权利称为公有水面使用权，海域使用权当然包括于其中。该法就公有水面使用权的许可、费用征收、权利义务以及权利的转让、停止和取消等作了详细的规定。该法中的不少条款、制度为我国的《海域使用管理法》所借鉴。

为调整海域及其他水域的填埋问题，韩国仿照日本制定了《公有水面埋立法》（1962年颁布）并颁布了详细的施行令和施行规则。其所确立的基本制度，如埋立的许可制度、费用征收制度、埋立后的所有权归属制度等，多与日本的《公有水面填埋法》相似，但其适用范围却被大大地扩张。除调整埋立活动外，该法还适用于水产品养殖场的建造、造船设施的设置、潮汐能利用设施的建造以及利用公有水面的一部分进行永久性设施的建造等。

为明确海洋及其资源的合理开发、利用和保护

韩国渔港

的基本政策和发展方向，韩国于 1987 年颁布了《海洋开发基本法》，该法在韩国海域使用立法中占据基础地位。该法要求政府制定海洋开发综合计划，并在此基础上制定每年的实施计划。《海洋开发基本法》集中体现了立法机关在海域使用上的基本立法思想，为以后的海域使用立法确立了基调。

韩国调整海洋渔业方面的法律称为《水产法》而非《渔业法》，其原因是该法包括的内容较为繁杂，甚至有渔获物运输业和水产制造业的相关条款，但其主要内容还是海洋渔业方面的规范，尤其是 1990 年修订后的《水产法》，对渔民的权利问题给予了较多的关注。

韩国海域使用立法的另一特点是，与多数国家海底矿产资源的开发适用陆地矿产资源开发的法律不同，其于 1970 年颁行了专门的《海底矿物资源开发法》，对海底矿产资源开采所涉及的一系列法律问题均作了明确的规定。

海域使用管理制度的作用

20 世纪 80 年代以来，在改革开放大潮的推动下，我国海洋产业得到长足的发展，海洋开发利用从过去传统的航运、盐业和捕捞等，迅速发展成海水养殖、海洋油气开采、海水综合利用、海洋旅游及能源开发等多种新型产业齐头并进的繁荣局面。主要海洋产业产值年均增长速度超过 13%，已成为沿海各省市国民经济发展的重要增长点。

然而，由于海域"空间资源"、"环境容量"、"资源容量"的有限性，不同用海行业之间、海洋开发与海洋环境保护之间、一般用海和国防用海之间矛盾日趋尖锐，海域开发的"无序、无度、无偿"状况，使争夺海域空间资源的矛盾已渐突出，海域使用纠纷不断发生，国有海域资源性资产严重流失，海域资源掠夺性开采后果严重，与此相关的涉外事件也呈逐步上升趋势。为加强海域使用的综合管理，2002 年，国家颁布了《中华人民共和国海域使用管理法》。在沿海各级人民政府的共同努力下，海域使用管理制度已经在我国全面推行，并取得初步成效。

1. 改善了海域开发秩序，引导产业合理布局。

海域使用管理制度实施以来，各级海洋部门依据海洋功能区划，从全局和整体利益出发，引导产业合理布局，协调和规范各种不同类型的用海活动，为各海洋产业的协调发展创造了一个良好的环境。

2. 缓解了行业用海矛盾，促进各产业的协调发展。

海域使用管理制度的实施，有效地协调解决了沿海各行业之间许多用海矛盾和冲突，特别是大连、青岛、厦门、秦皇岛等著名滨海城市的用海秩序有了明显改善，一些重要港口、渔区、旅游区的违规占用海域的行为开始得到有效遏制。

3. 维护了海域国家所有权，保护了海域使用者的合法权益。

海域使用管理制度的实施，使得海域使用者可以通过合法的手段，取得海域使用权，在国家和使用者之间建立了明确的权利和义务关系。既维护了国家海域所有权，又保护了海域使用者的合法权益。

海岸带是海陆共同作用、海陆特征兼备的特殊国土单元，是人类开发海洋的最集中地带，是人类活动最为频繁的区域。海岸带集中了人类对海洋开发利用的主要活动，包括了海洋开发的几乎全部产业，是矛盾集中的焦点区。如缺乏有效的管理，造成资源开发过度、秩序混乱、环境和资源破坏，必将在很大程度上制约海洋经济和沿海地区经济的健康发展。海岸带资源开发与保护需要超脱于各行业之外的综合、协调管理。目前，我国的海岸带资源开发与保护主要是以行业为主体依照行业管理法规实施的，除此之外，我国《海洋环境保护法》和《海洋自然保护区管理规定》涉及海岸带生态环境保护问题，远远不能满足综合协调管理的要求。海域使用管理是海岸带资源管理的重要组成部分，在我国目前尚未建立海岸带综合管理制度的情况下，首先应该充分利用和发挥海域使用管理制度的作用，从海域使用方面加强对海岸带资源的综合管理。因此，制定和出台海域使用管理法，依法加强海域使用管理，实行权属管理制度和有偿使用制度，是实施海洋资源可持续发展战略，加强海岸带资源保护的迫切要求。

海域使用管理的措施

为加强海域使用管理，逐步实现海域有序、有度、有偿使用，保护海洋和海岸带环境和资源，应采取以下对策和措施。

1. 加大对海域使用管理的力度。

建立起海域使用管理的政策法规体系和科学技术支撑体系框架，使海域使用管理工作逐步实现规范化、系统化和科学化。形成集中、协调、统一的海洋综合管理体制，坚持区域侧重、分清职责、加强协作、权力限制相结合的原则。要确立以海洋综合协调管理体制，调整各涉海部门在海洋开发利用活动中的相互关系，促进海洋资源的合理开发利用及海洋产业的协调发展。

2. 强化依法行政，提高海域执法管理能力。

法律是行政管理部门依法行政的依据，依法行政是海洋管理的必然。要努力提高执法人员综合素质，强化有关执法机构和执法队伍的能力建设，不断提高执法装备技术水平，充分发挥中国海监各海区总队陆、海、空立体监视、快速反应的能力，加大海上执法监察力度，对于破坏资源、污染环境、非法使用海域的行为进行严肃处理，特别要注意军事用海频繁海域的监察管理，确保国防安全和国家的利益。使我国的海域使用管理真正做到有法可依，有法必依，执法必严，违法必究。

3. 加强科技支撑。

运用海洋综合管理信息网络集成，实现实时动态的海域使用管理。我国历来重视海洋信息技术及其应用领域的建设，近年来利用"数字海洋"的手段，在海洋空间数据信息收集、传输和处理的基础建设，通信网络建设，以及应用软件开发等方面，做了大量的工作。因此，在海域使用管理信息源和信息获取方面，要充分利用"九五"期间已经建成的"海洋基础地理信息系统"、"海岸带综合管理地理信息系统"、"中国海洋资源综合数据库集成"、"海域使用管理信息系统"、"中国海洋信息网"等一系列海洋综合管理信息网络集成，既要掌握海洋基础信息和信息产品等数据信息，还要掌握沿海社会、经济、人口、国家海洋产业开发和海洋资源等统计信息，实现实时动态的海域使用管理模式，提高海域使用管理工作的水平，才能保证引导合理的海洋开发，使海洋产业健康有序的发展。

4. 强化海域使用管理。

规范和保护海岸带资源的开发利用，推动海岸带综合管理。以海洋功能区化为基础，以海洋开发规划为指导，通过海域使用管理，加强对海岸带的综合管理，建立和完善海岸带资源开发许可制度，严格审批程序。按照海域的自然功能属性和合理规划，进行海岸带资源开发利用的使用论证和影响评估。对生态环境脆弱的海域进行海岸带开发时，要特别注重生态环境的保护。对可再生资源，必须要在其能够实现再生良性循环的基础上开发利用；对不可再生的资源开发，必须从严管理，严格控制。最终实现海洋和海岸带资源开发和海洋环境保护同步规划、同步实施、同步发展。

5. 优化海洋产业结构布局，合理发展海洋产业。

我国的海洋产业布局由于缺乏生态经济学的理论指导，不能反映客观自然生态规律的要求，制约着我国海洋产业的可持续发展。近年来随着海岸带和邻近海域的开发利用程度愈来愈高，海洋产业在分配使用岸线、滩涂和浅海方面的矛盾日益尖锐。要解决这一矛盾，必须从海域使用管理的角度考虑，建立国家统一的海洋开发利用管理机构，以协调各个产业部门和地区的开发利用活动；制定有力的海岸带资源管理和生态经济政策，把我国海洋产业的布局放在统一生态经济协调的可持续发展基础上，使其得到合理的开发利用。

6. 深入开展法制宣传工作，增强全民依法用海意识。

增强全民的海洋国土观念，提高依法用海意识，是广泛深入地实施海域使用管理的必要条件。维护国家海域所有权，减少国有资产流失，规范海域开发利用秩序，首先要强化宣传，通过广播、报刊、展览、论坛等形式，加大对海域使用管理重要性和必要性的认识，在沿海地区做到家喻户晓，使社会各界充分认识到做好海域使用管理的重要性和紧迫性，形成依法用海的良好习惯，将保护海洋变成人们的自觉行动，为海域使用管理制度的贯彻执行创造一个良好的外部环境。其次是提高各级政府决策者对海域使用管理重要性的认识，确保海域使用管理制度的有力贯彻实施。

知识点

厄尔尼诺

厄尔尼诺，又称"圣婴"现象，在西班牙语中厄尔尼诺意为"圣婴"，因为这种气候现象通常在圣诞节前后开始发生。

对厄尔尼诺现象形成的原因，科学界有多种观点，普遍的看法是：在正常状况下，北半球赤道附近吹东北信风，南半球赤道附近吹东南信风。信风带动海水自东向西流动，分别形成北赤道洋流和南赤道暖流。从赤道东太平洋流出的海水，靠下层上升涌流补充，从而使这一地区下层冷水上翻，水温低于四周，形成东西部海温差。但是，一旦东南信风减弱，就会造成太平洋地区的冷水上翻减少或停止，海水温度就升高，形成大范围的海水温度异常增暖。而突然增强的这股暖流沿着厄瓜多尔海岸南侵，使海水温度剧升，冷水鱼群因而大量死亡，海鸟因找不到食物而纷纷离去，渔场顿时失去生机，使沿岸国家遭到巨大损失。

确定海洋功能区划

海洋功能区划是根据海域的地理位置、自然资源状况、自然环境条件和社会需求等因素而划分的不同的海洋功能类型区，用来指导、约束海洋开发利用实践活动，保证海上开发的经济、环境和社会效益。同时，海洋功能区划又是海洋管理的基础。

我国海洋功能区划的范围包括我国管辖的内水、领海、毗邻区、专属经济区、大陆架及其他海域（香港、澳门特别行政区和台湾省毗邻海域除外）。

我国的海洋功能区分为 5 大类，即开发利用区、治理保护区、自然保护区、特殊功能区和保留区。当前海域使用管理工作，尤其是海洋功能区划方面面临新的形势，亟待进一步加强研究、深化管理。

列宁说过，人类认识世界的一个很重要的方法就是分类。他在其他场合也谈到，分类的标准是相对的，有一些主观因素在里面。海洋功能区划也是分类中的一种，要认识海洋、开发海洋和管理海洋，如果不了解海洋的属性，不进行分类，不进行科学区划，就会一事无成，杂乱无章，甚至会发生重大的事故，给子孙后代带来不可逆转的后患。

20 世纪 80 年代末，国家海洋局提出了海洋功能区划的概念，这在管理层面上是一个理论的创建，促进了海洋管理工作。国外在 20 世纪 70 年代也同样产生了这样一个思想，加拿大、德国等对海域进行了划分，但是都没有大规模开展区划。一直到 21 世纪初，有些国家包括美国、澳大利亚、南非开始提出对海域进行分类，进行区划。应该说中国对海洋功能区划这个概念，跟国外是同步发展的，那时候交流还不够，但同时产生这样一个思想。现在开始相互交流，跟荷兰和其他一些国家都展开了这方面的交流。欧盟在 2002 年提出《欧盟海岸带综合管理建议》，这个建议书就是要把整个欧盟所管辖的海域空间进行一个整体的规划，来合理利用区域资源。海洋资源有很多种，空间资源是非常重要的一种。这个空间资源大家用得比较多，然而很多人又不认同它是一种资源，实际上这个资源是非常宝贵的，海洋功能区划的一个重要任务就是要合理的利用海洋空间资源，不单是里面的矿产资源、水资源。现在沿海地区有很多很重要的深水岸线资源，它是一种空间资源，可以建立深水港，具有水上交通等重要作用。在海洋功能区划中要对这些有一个合理的规划，达到科学地使用海域。2006 年，联合国教科文组织召开了一次会议，讨论利用海洋空间规划手段，来实施以生态系统为基础的海域使用管理，此次会议是第一次国际研讨会。从那时直到现在，对海洋空间资源的科学利用一直受到大家的重视。

在海洋工作的发展方式上，必须着力推进海洋经济发展，由数量增长型向质量效益型转变；海洋开发方式由资源消耗型向循环利用型转变；海洋环境保护由污染防治型向污染控制与生态建设并重型转变。在海洋管理中认真做好统筹兼顾，建立健全海洋规划体系。海洋功能区划是国家海洋管理的一项重要的法律制度和基础依据。要落实科学发展观，海洋功能区划应起到更大的作用。

如今国家海洋经济发展相当迅速，海洋功能区划的工作和步伐如果落后于经济发展，就不能服务和促进海洋经济的发展，所以一定要加快。随着海洋开发的持续快速增长，海洋功能区划对海洋开发、保护和管理的指导作用也需要加强，而且要与经济发展同步，甚至在一些理念上要超前一些，才能做好服务。进入 21 世纪，世界各国都非常关注人口、资源和环境问题，而对这些问题，海洋部门更要做好海洋功能区划的工作，严格执行制定的海洋功能区划。

最后，要加强对海洋功能区划有关的理论和技术的研究。做好海洋功能区划工作，如果仅仅怀着一个良好的愿望，而没有理论指导和技术支撑，也是不可能实现的。《国家"十一五"海洋科学和技术发展规划纲要》中明确提出了"加强海洋功能区划相关领域的研究"，这就建立了一个非常好的平台，也就使得这项工作能够真正纳入科学发展、科学指导的道路。专家委员会的任务不仅需要审查海洋功能区划编制技术单位推荐名录，更重要的是要推动海洋功能区划理论研究，举办学术论坛和研讨会，为交流思想、学术研讨提供平台。

知识点

海平面上升

太阳光慷慨地把热量送给地球，使万物茁壮生长，多余的热量又被地球以长波形式辐射出去，大气和地面及空间进行热交换，从而使它的热量基本处于"收支"平衡状态。

但是由于世界工业飞速发展，煤和石油等矿物燃料的大量焚烧，使大气中的二氧化碳急剧增高。大气中过量的二氧化碳起了相当于温室中的玻璃或塑料薄膜的作用，这种现象叫做"温室效应"。这使得全球气温逐年增高，造成海水温度的升高，从而引起海水受热膨胀。地球两极海洋和大气的变暖使极地和格陵兰等地区附近海域的冰盖开始消融，这些都造成了海平面的不断上升。

海平面的上升不仅缩小了陆地面积，而且海水入侵沿海低地，致使大片良田盐碱化，成为一片荒地。海平面的上升还使海崖和海滩遭受侵蚀，致使许多城市、港口、海岸工程、旅游设施、房屋、公路和盐田遭破坏，使人类蒙受巨大损失。

设立海洋保护区

海洋自然保护区是国家为保护海洋环境和海洋资源而划出界线加以特殊保护的具有代表性的自然地带，是保护海洋生物多样性，防止海洋生态环境恶化的措施之一。20世纪70年代初，美国率先建立国家级海洋自然保护区，并颁布《海洋自然保护区法》，使建立海洋自然保护区的行动法制化；中国自20世纪80年代末开始海洋自然保护区的选划，5年之内建立起7个国家级海洋自然保护区。建立海洋自然保护区的意义在于保持原始海洋自然环境，维持海洋生态系的生产力，保护重要的生态过程和遗传资源。

美国设立世界最大海洋保护区

2006年6月15日美国政府批准把夏威夷岛西北诸岛区域划为世界最大的海洋保护区。这个占地195000平方英里（约50万平方千米）的地带，将禁止一切采矿和商业捕捞活动（1英里=1.6093千米）。

这个区域包括马里亚纳海沟（Mariana Trench）和美国萨摩亚群岛里的玫瑰环礁（Rose Atoll）。马里亚纳海沟是世界上最深的海沟。位于太平洋中部地区赤道附近的7座小岛也将受到这一计划的保护。这一区域的环礁、暗礁和水下山脉是数百种珍稀鱼类和鸟类的栖息地，其中包括稀有鸟类马来西亚冢雉（Malaysian megapode），

在贾维斯岛附近发现珊瑚

这种鸟在该地温热的火山灰里孵卵。

马里亚纳海沟位于海平面以下36000英尺（1英尺=0.3048米）的地方，深达6.8英里。最深处比得上世界最高峰珠穆朗玛峰的高度，而且面积是美

在金曼礁上发现珊瑚

国大峡谷的5倍。玫瑰环礁是世界上最小的环礁，面积大约只有20英亩（1英亩=4047平方米）。之所以会起这样一个名字，是因为外侧环礁斜坡上长满了粉色的珊瑚藻类。玫瑰环礁是那些受到灭绝威胁的绿海龟和濒临灭绝的玳瑁海龟筑巢的重要地方。

三个地方将被正式称为马里亚纳群岛海洋国家历史遗址

（Marianas Marine National Monument）、玫瑰环礁海洋国家历史遗址（Rose Atoll Marine National Monument）和太平洋岛海洋国家历史遗址（Pacific Islands Marine National Monument）。环保组织非常欢迎这项举措，不过表示希望这个保护区能再扩大200海里，覆盖整个美国专属经济区。

澳大利亚大堡礁

大堡礁是世界上最大、最长的珊瑚礁区，是世界七大自然景观之一，也是澳大利亚人最引以为自豪的天然景观。又称为"透明清澈的海中野生王国"。

大堡礁位于澳大利亚东北部昆士兰省，是一处延绵2000千米的地段，它纵贯蜿蜒于澳大利亚东海岸，全长2011千米，最宽处161千米。南端最远离海岸241千米，北端离海岸仅16千米。在落潮时，部分的珊瑚礁露出水面形成珊瑚岛。这里景色迷人、险峻莫测，水流异常复杂，生存着400余种不同类型的珊瑚礁，其中有世界上最大的珊瑚礁，鱼类1500种，软体动物达4000余种，聚集的鸟类242

大堡礁卫星图

种，有着得天独厚的科学研究条件，这里还是某些濒临灭绝的动物物种（如儒艮和巨型绿龟）的栖息地。

世界最大的珊瑚礁区，延伸于澳大利亚东北岸外，长逾2000千米，距岸16～160千米，由数千个相互隔开的礁体组成。许多礁体在低潮时显露或稍被淹没，有的形成沙洲，有的环绕岛屿或镶附大陆岸边。是数百万年来由珊瑚虫的钙质硬壳与碎片堆积，并经珊瑚藻和群虫等生物遗体胶结而成。至少有350种色彩缤纷、形态多样的珊瑚，生长在浅水大陆棚的温暖海水中。据钻探，礁体之下是早第三纪陆相堆积，说明该地区原先位于海面以上。自早中新世以来，陆地下沉，间有数次回升。在海底礁坡上有多级阶地，相当于更新世冰川引起的海面变动的停顿期。礁区海底地形复杂，有穿过礁区与现代

大堡礁位置

河口相连的许多谷地，这是古代陆上侵蚀产物。礁区海水温度季节变化小，表面水温高21℃～38℃（70～100 ℉），向深处去温度变化不大。海水清澈，可清楚看到30米深处的海底地形。礁区海洋生物丰富，有色彩斑斓、形状奇特的小鱼；还有宽1.2米、重90千克的巨蛤和以珊瑚虫为食的海星。植物贫乏。养珠业发达，有对虾和扇贝繁殖区。大堡礁吸引着越来越多的旅游者。北昆士兰岸外建有水下观测站。有从大陆海滨城市到大堡礁的航线。其他资源有石灰、石英沙。最近发现石油，已开始测量和试钻。

令人不可思议的是，营造如此庞大"工程"的"建筑师"，是直径只有几毫米的腔肠动物珊瑚虫。珊瑚虫体态玲珑，色泽美丽，只能生活在全年水温保持在22℃～28℃的水域，且水质必须洁净、透明度高。澳大利亚东北岸外大陆架海域正具备珊瑚虫繁衍生殖的理想条件。珊瑚虫以浮游生物为食，群体生活，能分泌出石灰质骨骼。老一代珊瑚虫死后留下遗骸，新一代继续发育繁衍，像树木抽枝发芽一样，向高处和两旁发展。如此年复一年，日积月累，珊瑚虫分泌的石灰质骨骼，连同藻类、贝壳等海洋生物残骸胶结一起，堆积成一个个珊瑚礁体。珊瑚礁的建造过程十分缓慢，在最好的条件下，礁体每年不过增厚3～4厘米。有的礁岩厚度已达数百米，说明这些"建筑师"们在此已经历了漫长的岁月。同时也说明，澳大利亚东北海岸地区在地质史上曾经历过沉陷过程，使追求阳光和食物的珊瑚不断向上增长。在大堡礁，有350多种珊瑚，无论形状、大小、颜色都极不相同，有些非常微小，

大堡礁景

有的可宽达 2 米。珊瑚千姿百态，有扇形、半球形、鞭形、鹿角形、树木和花朵状的。珊瑚栖息的水域颜色从白、青到蓝靛，绚丽多彩。珊瑚也有淡粉红、深玫瑰红、鲜黄、蓝相绿色，异常鲜艳。

大堡礁也是一座巨大的天然海洋生物博物馆。在辽阔澄碧的海面上，点缀着一个个色彩斑斓的岛礁，大礁套小礁，环礁包着潟湖，礁外波涛汹涌，礁内湖平如镜。礁上海水淹不到的地方，已发育了较厚的土层，椰树、棕榈挺拔遒劲，藤葛密织，郁郁葱葱，一派绚丽的热带风光。透过温暖清澈的海水，可看清 400 余种珊瑚所构成的密密丛丛海底"森林"，千姿百态，五彩缤纷。珊瑚丛中游戈着 1500 种鱼和 4000 种软体动物，这里也是儒艮和大绿龟等濒临灭绝动物的栖息之地。肥大的海参在蠕动，大红大黄的海星在爬动，奇形怪状的蝴蝶鱼、厚唇鱼穿梭如织，还有近 1 米的大龙虾、上百千克重的砗磲、潜伏礁中的石头鱼。这里又是鸟类的乐园，成群的海鸟如云遮空，更为大堡礁增添勃勃生机。

挪威扩大海洋保护区

2003 年 12 月 19 日，挪威政府宣布，扩大海洋资源保护区，禁止人们在其区域采矿、采天然气或石油，以保护当地的海洋生物，其中包括北极熊、海豹、鱼等海洋生物。

挪威环境大臣伯厄·布伦德在谈到旨在保护斯瓦尔巴群岛生态环境的新保护区时说："这些地区非常脆弱，但对海鸟、北极熊和海象等海洋动物具有重要意义。"

挪威政府指出，该国将海洋保护区域从围绕斯瓦尔巴群岛 4 海里的区域扩大到 12 海里，使保护区的面积增加了 4.1 万平方千米。

12 月 15 日，在环保人士和渔业部门的要求下，挪威政府还决定保护位于斯瓦尔巴尔群岛以南的景色优美的罗弗敦群岛。

罗弗敦群岛

挪威政府保护斯瓦尔巴群岛和罗弗敦群岛的决定，被世界自然基金会北极项目负责人萨曼沙·史密斯称为"政府给每一个关心环保的人的双份圣诞礼物"。

我国海洋自然保护区

1995年，我国有关部门制定了《海洋自然保护区管理办法》，贯彻养护为主、适度开发、持续发展的方针，对各类海洋自然保护区划分为核心区、缓冲区和试验区，加强海洋自然保护区建设和管理。目前，我国已建立各种类型的海洋自然保护区60处，所保护的区域面积近130万公顷，其中国家级15个、省级26个、市县级16个。

我国第一批国家级自然保护区有5个，即河北省昌黎黄金海岸自然保护区，主要保护对象是海岸自然景观及海区生态环境；广西山口红树林生态自然保护区，主要保护对象是红树林生态系；海南大洲岛海洋生态自然保护区，主要保护对象是金丝燕及其栖息的海岸生态环境；海南省三亚珊瑚礁自然保护区，主要保护对象是珊瑚礁及其生态系；浙江省南麂列岛海岸自然保护区，主要保护对象是贝、藻类及其生态环境。

蛇岛——老铁山自然保护区

蛇 岛

蛇岛——老铁山国家级自然保护区位于辽东半岛南端、大连市旅顺口区西部，是1980年经国务院批准建立的野生动物类型保护区，是环保系统建立的第一个国家级自然保护区。保护区由蛇岛和老铁山地区两部分组成，总面积14595公顷，其中蛇岛面积155公顷（包括蛇岛周围200米海域）。主要保护对象是蛇岛蝮蛇和候鸟及其生态环境。1981年成立了保护区管理处，现已更名为辽宁蛇岛老铁山国家级自然保护区管理局。下属单位有蛇岛老铁山自然博物馆、大连蛇岛医院和大连蛇类蛇毒研究所。1993年首批被纳入

"中国生物圈保护区网络"单位。

南麂列岛海洋自然保护区

南麂列岛国家级海洋自然保护区位于中国浙江省平阳县以东海域,其中心点为北纬27°27′,东经121°25′,总面积为201.06平方千米,其中海域面积190.71平方千米。距浙江省平阳县鳌江港56千米,离台湾岛约150千米。最大岛屿为南麂岛,面积7.64平方千米,因形似鹿而得名。该保护区地处温带和热带的过渡带,受台湾暖流和浙江沿岸流影响,为海洋生物栖息生长提供了良好的场所。是中国建立的第一个海岛海域生态系自然保护区,不仅在海洋生态方面有着重要的研究价值,也是海洋生物"南种北移,北种南移"的资源库。

深沪湾海底古森林遗迹自然保护区

深沪湾海底古森林遗迹自然保护区位于福建省晋江市深泸湾内,经纬度范围:东经118°,北纬24°。全区面积31平方千米,其中陆域面积5平方千米,海域面积22平方千米。以保护7500年前的古树桩遗迹、9000~2.5万年前的已胶结古牡蛎礁、石圳海岸变质岩区、老红沙分布区和海岸沙丘等地质景观为主要内容,其保护对象为海底古森林、牡蛎礁和海蚀变质岩等。自1986年7月被广东省地震局徐起浩发现以来,先后于1990年6月被定为县级保护区,1992年被中国国务院以国函92(166)号文确立为国家级海洋自然保护区,2004年1月29日,又正式被批准为国家地质公园。

深沪湾海底古森林遗迹自然保护区这种类型的保护区在中国是独一无二的,在世界上也是少有的。区内埋藏于潮间带经历7800多年历史的油杉树林遗迹有20多棵,大片成长于

海底古森林遗迹

数千年的牡蛎礁，典型的海蚀红土陵岩、卵石海滩岩和现代堆积中的细沙丘，以及可展示古生代、中生代、新生代等漫长地质历史演变的独特、典型、出露良好而又多种多样的海蚀变质岩。为研究古海洋、古地理、古气候、古植物，研究台湾海峡地质构造与海平面升降运动及太平洋地质板块运动，研究泉州市古港海外交通史提供可靠的科学依据。

在日本富士湾和鱼津分别发现了赤杨和柳杉的海底古森林，已被列为国际自然遗迹。赤杨只有 4 棵，距今八九千年；柳杉才有十几棵，距今 2000 年。而我国深沪湾的海底油杉，从年代、规模、数量方面均可与之比美。国内外的专家、学者对此有极大的兴趣，且多次前往考察、研究。在海外的泉州、晋江籍华侨也为故乡有此珍宝而骄傲。深沪湾海底古森林遗迹自然保护区的真正价值将逐步被世界所认识，成为人类宝贵的自然历史遗产。

内伶仃岛——福田自然保护区

广东内伶仃岛——福田自然保护区建于 1984 年 10 月，1988 年 5 月晋升为国家级自然保护区，总面积约 921.64 公顷，它由内伶仃岛和福田红树林两个区域组成。其中，福田红树林区域是全国唯一处在城市腹地、面积最小的国家级森林和野生动物类型的自然保护区。

内伶仃岛保护区位于珠江口内伶仃洋东侧，处在深圳、珠海、香港、澳门之间，总面积约 554 公顷，最高峰尖峰山海拔 340.9 米。内伶仃岛峰青峦秀，翠叠绿拥，秀水长流，保存着较完好的南亚热带常绿阔叶林。植物种类繁多，有维管植物 619 种，其中白桂木、野生荔枝等为国家重点保护植物；野生动物资源也十分丰富，主要保护对象为国家二级保护兽类猕猴，总数达 900 多只，此外还有水獭、穿山甲、黑耳鸢、蟒蛇、虎纹蛙等重点保护动物。

内伶仃岛

湛江红树林

湛江红树林保护区建于 1997 年，保护面积 20278 公顷，是中国最大的红树林湿地保护区。这个保护区并不是一个单独的保护区域，而是由散布在广东省西南部雷州半岛 1556 千米海岸线上 72 个保护小区组成，这些保护小区由红树林群落、滩涂以及相关的潮间带栖息地组成。保护区于 2002 年加入《拉姆萨公约》，成为国际重要湿地。自 2001 年起，中、荷两国政府通过中、荷合作红树林综合管理和沿海保护项目（以下简称 IMMCP 项目），对该保护区及其海岸带自然资源实施保护和管理。IMMCP 项目协助保护区恢复和保护红树林湿地以及相关沿海自然资源，项目涉及许多内容，重点是红树林的恢复、保护、教育和共管等方面。

大洲岛海洋生态自然保护区

大洲岛国家级海洋生态自然保护区，位于海南岛东部沿海，在万宁县境内，面积 70 平方千米。是国务院于 1990 年 9 月批准建立的国家级海洋类型自然保护区。主要保护对象是金丝燕和海岛海洋生态系统。大洲岛是珍贵的燕窝生产鸟类——金丝燕的长年栖息地。燕窝是十分名贵的补品和药品，被历

大洲岛国家级海洋生态自然保护区

代皇帝列为贡品，素享"东方珍品"和"稀世名药"的盛誉。

三亚珊瑚礁自然保护区

三亚珊瑚礁自然保护区于 1989 年建立，1990 年被批准为国家级海洋自然保护区，总面积 8500 公顷。三亚珊瑚礁自然保护区属于三亚市沿海区，以鹿回头、大东海海域为主，包括亚龙湾、野猪岛海域，以及三亚湾东西玳瑁岛

海域，总面积 40 平方千米，保护对象为珊瑚礁及其生态系统。保护区属珊瑚礁海岸，位于天然海湾内，海水盐度年变化范围为 33.4‰ ~ 33.8‰，水温年变化范围为 23.6℃ ~ 29.3℃。海浪破坏作用小，海水交换充分，浅水区大，污染小，有机质含量丰富，基质坚硬，是珊瑚生长的良好场所。

三亚珊瑚礁

我国海洋特别保护区

中国的海洋特别保护区，是指对具有特殊地理条件、生态系统、生物与非生物资源及海洋开发利用特殊需要的区域采取有效的保护措施和科学的开发方式进行特殊管理的区域。海洋特别保护区分为国家级和地方级，其中具有重大区域海洋生态保护和重要资源开发价值、涉及维护国家海洋权益及其他需要申报国家级的海洋特别保护区，列为国家级海洋特别保护区，报国家海洋局批准。迄今全国共有 15 处国家级海洋特别保护区。

南通蛎岈山牡蛎礁海洋特别保护区

蛎岈山地处南黄海沿岸，位于海门东灶港东南约 4 千米，面积 3.5 平方千米，因盛产牡蛎而闻名。蛎岈山东西长 1.43 海里，南北宽 0.9 海里，处在南黄海潮间带，由牡蛎活体和各种海洋生物构成。其神秘之处在于入水为礁出水为山，被当地人称为"沉浮山"。经中科院南京地理所、南京师范大学及浙江大学等有关专家实地考察论证，一致认为蛎岈山是中国唯一、世界罕见的海洋奇观，具有极高的科考和旅游开发价值，距今已有 1690 年历史。

连云港海州湾海湾生态与自然遗迹海洋特别保护区

连云港海州湾地处南北气候过渡带，是国际鸟类迁徙通道的重要接点，是我国海洋生物南北分布的界限。国家批准建立的海州湾海湾生态与自然遗迹国家级海洋特别保护区，规划总面积 490.37 平方千米，具有繁多的海洋生物资源、独特的海蚀地貌以及特殊的基岩岛礁与海洋自然遗迹资源等，海洋资源开发和生态环境保护价值显著。

嵊泗马鞍列岛海洋特别保护区

马鞍列岛为舟山群岛最北端的岛群，处于舟山渔场中心位置，总面积549平方千米，其中岛礁面积19平方千米。这里海域辽阔，海洋资源种类繁多，构成了以丰富的海洋生物资源、独特的岛礁自然地貌和潮间带湿地为主体的岛群海洋生态系统，具有极大的开发研究和保护价值。

根据保护区建区总体规划，项目总投资4.2亿元，分近、中、远3期进行，时间为2005～2020年。保护对象为海洋生态系、珍稀濒危生物（中华白鳍豚、中华鲟等国家一级保护动物；水獭、穿山甲等国家二级保护动物；长须鲸、宽吻海豚、江豚、斑海豹、儒艮、海獭等）、水产资源（石斑鱼、厚壳贻贝、羊栖菜等）、旅游景观（花鸟灯塔、东海第一桥、山海奇观摩崖石刻、礁岩与石景保护点及沙滩等）。

昌邑海洋生态特别保护区

山东昌邑海洋生态特别保护区位于昌邑市北部堤河以东、海岸线以下的滩涂上，总面积2929.28公顷，于2007年10月底获得国家海洋局批准建立，主要保护以柽柳为主的多种滨海湿地生态系统和各种海洋生物。保护区内生物种类繁多，有天然柽柳林面积达2070公顷，植被茂盛，其规模和密度在全国滨海盐碱地区罕见，具有极高的科学考察和旅游开发价值。

柽柳是可以生长在荒漠、河滩或盐碱地等恶劣环境中的顽强植物，是最能适应干旱沙漠和滨海盐土生存、防风固沙、改造盐碱地、绿化环境的优良树种之一。每到春天，保护区内柽柳郁郁葱葱，草坪如茵，繁花似锦，十分美丽。每年5月柽柳开始抽生新的花序，直到9月的几个月内，区内一片花海，老花谢了，新花又开，三起三落，绵延不绝，与其他海岸风光比较自有一种截然不同的别致风情。

该保护区内还有芦苇、盐地碱蓬、荻和其他多种草类；有野兔、獾、狐狸、黄鼬、狸猫等野生动物。

东营黄河口生态国家级海洋特别保护区

该保护区位于垦利县境内，规划面积 926 平方千米，分为生态保护区、资源恢复区、环境整治区和预留开发区 4 部分，重点监控黄河口水域生态环境和河口海区海洋生物资源。

保护区将分 3 期建设。一期工程计划投资 300 万元，主要用于保护区基础设施建设与配套，对黄河口负 3 米等深线以外海域进行生态环境的整治和修复，建设 926 平方千米黄河口生态海洋特别保护区；二期工程计划用 5 年时间（2011~2015），进一步改善保护区的管护条件，完善各项管护和开发措施，基本实现保护区的良性运行；三期工程为 2015 年以后的长期规划，通过优化管理和开发措施，提高保护区的利用价值，建成环境优良、资源丰富的保护区，为当地海洋经济的可持续发展服务。

东营河口浅海贝类生态国家级海洋特别保护区

东营河口浅海贝类国家级生态海洋特别保护区位于山东东营市河口区的滩涂及浅海海域，总面积 3962 平方千米，以黄河口文蛤、浅海贝类及其物种多样性为主要保护对象。

黄河口文蛤是我国的重要经济贝类，具有很高的经济和食疗药用价值，成品主要出口日本、韩国。但近年来随着海洋开发的加快及近海捕捞强度的增大，黄河口文蛤资源日渐减少，捕捞产量递减。该保护区通过一系列保护和管理措施，对文蛤实行繁殖季节保护，严格限制采捕规格，消除和减少该区域点面源污染和干扰，加强环境质量监测，严格查处违法违规排污、倾倒废弃物等行为，使贝类的栖息环境得到恢复和改善，产量得到增加，水质和底质质量均达到国家一类标准。

东营莱州湾蛏类生态国家级海洋特别保护区

特别保护区位于东营区莱州湾西岸广利河以北、青坨沟以南海域，为多种贝类的栖息和繁衍地，其中蛏类资源尤为丰富。随着渔业海岸工程、油田开发、海洋工程建设以及近海捕捞强度增大，蛏类等资源赖以生存的生态环境严重受损，生态失衡，致使该地区传统的小刀蛏、大竹蛏和缢蛏等蛏类资源生物量衰减，分布海区日趋缩小，而且个体呈小型化。特别保护区建设后，区内蛏类等生物资源和生态环境得到了有效保护，减少了人类活动的干扰。特别保护区总面积 21024 公顷，包括生态保护区、资源恢复区和适度开发利用区，主要保护对象为蛏类及其栖息地生态环境。

威海刘公岛海洋生态国家级海洋特别保护区

刘公岛及其周边海域属于典型的海岛生态系统，岛上旅游资源丰富，不仅自然风光优美，素有"海上仙山"和"世外桃源"的美誉，还是中日甲午战争的纪念地、著名的爱国主义教育基地，融爱国主义教育基地和海岛风光历史文化遗迹于一身。刘公岛森林覆盖率达 87%，1992 年被国家林业局公布为"国家森林公园"，远望松涛翠柏，近观鹿群结队，是避暑、度假、疗养的理想之地。刘公岛周边海域则盛产海参、三疣梭子蟹、鲳鱼、比目鱼、海带等，是一方不可多得的海洋"沃土"。国家海洋局根据《中华人民共和国海洋环境保护法》和《海洋特别保护区管理暂行办法》的有关规定，同意建立威海刘公岛海洋生态国家级海洋特别保护区。在这一海域建立保护区，对加强海洋生态环境保护，积极探索海洋资源的可持续开发利用，有着积极的作用。

知识点

珊瑚礁的生态价值

珊瑚礁千姿百态，美不胜收，历来是珍贵的观赏、装饰工艺品，同时它在维护海洋生态平衡方面也发挥着重要作用。

它能维护海洋生物多样性，珊瑚礁的生物多样性最为丰富，它为各种海洋生物提供了理想的居住地。它能保护海岸线，珊瑚礁能保护脆弱的海岸线免受海浪侵蚀，健康的珊瑚礁就像自然的防波堤一般，约有 70%～90% 的海浪冲击力量在遭遇珊瑚礁时会被吸收或减弱，而珊瑚礁本身会有自我修补的力量，死掉的珊瑚会被海浪分解成细沙，这些细沙丰富了海滩，也取代已被海潮冲走的沙粒。它能维持渔业资源，许多具有商业价值的鱼类都由珊瑚礁提供食物来源及繁殖的场所，礁坪可以养殖珍珠、麒麟菜、石花菜和江蓠等。

它能减轻温室效应，珊瑚在造礁过程中，通过体内虫黄藻，吸收大量二氧化碳，从而减轻了地球的温室效应。

走海洋可持续发展之路

随着沿海地区经济的快速发展和海洋资源开发力度的加大，对海洋环境保护的压力将会越来越大。因此，在大力开发利用海洋资源的同时，必须重视对海洋环境的保护，促进海洋资源开发利用的持续发展。

开发与保护并举

在开发保护海洋资源方面，主管部门要通过海洋资源的价值核算和评价，对海洋资源实行有偿使用，利用价格体系调节海洋资源的供求关系，尽可能保证海洋资源的持续利用。在保护海洋环境方面，要集中控制陆地上污染物的排放，强化盐田、海水养殖池废水、石油开采、拆船和海洋运输过程中废物排放的管理，维护海洋的生态平衡和资源的长期利用。逐步实施重点海域污染物排海总量控制制度。改善近岸海域环境质量，重点治理和保护河口、海湾和城市附近海域，继续保持未污染海域环境质量。加强入海江河的水环境治理，减少入海污染物。加快沿海大中城市、江河沿岸城市生活污水、垃圾处理和工业废水处理设施建设，提高污水处理率、垃圾处理率和脱磷、脱氮效率。限期整治和关闭污染严重的入海排污口、废物倾倒区，妥善处理生活垃圾和工业废渣，严格限制重金属、有毒物质和难降解污染物排放。临海企业要逐步推行全过程清洁生产。加强海上污染源管理，提高船舶和港口防污设备的配备率，做到达标排放。海上石油生产及运输设施要配备防油污设备和器材，减少突发性污染事故。实施谁污染谁治理的环境问责制度，优化海洋环境保护的法治化进程。

海洋资源的开发利用相对陆地资源而言，难度和风险更大、综合性更强、对科学技术的依赖性也会更大。海洋资源从调查、观测、勘探、开发利用到管理的各阶段，都是科学和技术运行过程的结果，要不断采用先进的科学技术，实施科技创新，提高海洋资源开发和科学管理的总体技术水平、规模和效益。

优化结构与科技创新

实施海洋开发战略，必须合理利用海洋资源。我国的八大海洋产业中，海洋捕捞业、海洋交通运输业和海盐及海洋化工业等传统产业发展早，聚集的劳动人口多，有些产业生产技术落后，低水平盲目发展造成资源破坏严重，自身的生存环境日趋恶劣。调整产业结构，改造传统海洋产业，大力发展海洋油气业、海洋医药、海洋旅游业等新兴产业，已成为海洋开发的重要政策命题。同时，应注重优化海洋资源配置，积极培育可以深化海洋资源综合利用的高技术产业，促进深海采矿、海水综合利用、海洋能发电等潜在海洋产业的形成和发展。

众所周知，海洋产业结构不同，对海洋资源的依赖程度和对环境的影响程度也会不同。一般来说，从海洋第一产业到第三产业，对海洋资源依赖程度和对环境的影响程度是在逐渐减弱的。我国的海洋产业结构一直在以第一产业为主，因此应根据我国海洋资源与环境的特点，调整海洋产业结构，逐步降低第一产业在海洋经济中的比重，提高第二、三产业的比重，重点发展油气开采、海滨旅游、水产养殖、远洋交通运输；积极发展观测服务、海洋药物、海水资源利用；努力开展海底采矿、海洋能利用，提高第二产业在海洋产业中的比重。海洋产业的效益应从经济、社会、环境三个方面综合考虑。因此，要重视海洋资源的综合利用，以高新技术改造海洋传统产业，推动海洋产业经济结构的调整与产业升级，促进新兴产业发展。

管理海洋资源

当务之急，应加大执法力度，理顺海洋管理体制。近20年来，我国先后公布实施了《中华人民共和国海洋环境保护法》等法律、法规二十几项，为加强海洋资源开发与综合管理打下了基础。但也应该看到，随着海洋经济的发展，有些法律、法规在执行上显得滞后。应根据海洋经济的发展，切实执行《中国专属经济区和大陆架法》、《海洋岛屿开发管理法》、《海洋资源开发管理法》等海洋法律。同时，还要加快与国际法接轨，扩大海洋立法方面的国际合作与交流，尽快完善我国海洋资源开发与管理的法律体系。此外，应加强海上执法队伍建设。面对我国300万平方千米的海域面积，我国应加大投资，组建一支适合中国国情的、现代化的、综合一体化的执法队伍，增强执法合力，提高执法效率，优化海洋资源开发与管理的法治化机制，真正做到依法治海。

保护海洋环境和资源

为了全面掌握中国海域海洋资源、环境状况，国家海洋局会同有关部门和沿海各省开展了全国海岸带和海洋资源综合调查和多次海洋环境污染基线调查。同时，建立起以国家海洋环境监测中心、海区环境监测中心和海洋环境监测站为主体的国家海洋环境监测系统及其业务技术支持体系；组织并领导了由沿海省、自治区、直辖市、国务院有关部门监测机构组成的全国海洋环境监测网，为海洋环境监督管理和沿海经济建设作出了应有的贡献。

中国的海洋环境保护工作贯彻预防为主、防治结合的方针。环保部门、海洋部门、海事部门、渔业部门按照法律分工，加强了对陆源污染、海洋倾废、海洋石油勘探开发、船舶排污的控制与管理，为防治海洋环境污染，遏制环境恶化势头，做了大量的工作。我国建立并实施了海洋工程建设项目环境影响评价制度，有效防止了工程建设对海洋环境的污染和损害。

为加强海洋倾废管理，我国不断完善倾废管理制度，积极履行《1972 年伦敦倾废公约》。到目前为止，我国已建立了 38 个海洋倾倒区，对海洋倾废活动进行了规范，有效地控制了海上倾废活动对海洋环境造成的污染。

我国重视海洋渔业资源和渔业水域环境的保护，专门制定了《渔业水质标准》，建立了休渔区、休渔期和限量捕捞制度，重点对产卵场、索饵场、越冬场、洄游通道和养殖场进行了保护。

国务院各有关部门和沿海地方人民政府加强了对海洋生态环境的保护，国家海洋局颁布了《海洋自然保护区管理办法》。目前已建立各种类型海洋自然保护区 59 个、海洋特别保护区 2 个，为保护典型海洋生态系统和生物多样性做出了贡献。

为实施依法治国的伟大方略，扭转海洋环境恶化趋势，我国修订了《海洋环境保护法》。新法的颁布实施标志着中国海洋环境保护工作进入了一个新的阶段。目前，我国已建立起较完备的海洋环境保护法规体系和较完整的技术标准体系，为依法管海、护海提供了法律保障。

针对渤海资源与环境问题日趋严重的状况，国家海洋局从 1996 年开始，开展了对渤海综合整治的研究，现正在国家计委的指导下，会同有关部门编制"渤海综合整治规划"，力争用 20 年左右的时间使渤海的资源与环境功能得到恢复。

海洋资源可持续利用

所谓海洋资源的可持续利用，是指在海洋经济快速发展的同时，做到科学合理地开发利用海洋资源，不断提高海洋资源的开发利用水平及能力，力求形成一个科学合理的海洋资源开发体系；通过加强海洋环境保护、改善海洋生态环境，来维护海洋资源生态系统的良性循环，实现海洋资源与海洋经济、海洋环境的协调发展，确保海洋资源生态环境的永续发展。

海洋资源的可持续利用包含 3 个特征：1. 持续性。体现在海洋生态过程的可持续与海洋资源的可持续利用两个方面。海洋生态过程的可持续建立在海洋生态系统完整性的基础之上，要求海洋生态系统构造完整和功能齐全。只有维持生态构造的完整性，才能保证海洋生态系统动态过程的正常进行，使海洋生态系统保持平衡。海洋生态过程的可持续是海洋资源可持续利用的基础。人类对海洋资源的强大需求与有限供给之间的矛盾、海洋资源的多用途引发的不同行业之间的竞争以及人类利用海洋资源的理念、方式和方法，都直接关系到海洋资源的可持续利用。这就要求一方面要正确解决资源质量、可利用量及其潜在影响之间的关系，另一方面在利用资源的同时更要注意保护资源种群多样性、资源遗传基因多样性，并要在不影响海洋生态系统完整性的前提下整合资源方式，减少资源利用中的冲突和矛盾，提高资源的产出率。2. 协调性。首先是海洋资源的利用应与海洋自然生态系统的健康发展保持协调与和谐，表现为经济发展与环境保护的协调、长远利益与短期利益的协调、陆地系统与海洋系统以及各种利益之间的协调，以维护海洋生态系统的健康及海洋资源的可持续利用。3. 公平性。即当代人之间与世代人之间对海洋环境资源选择机会的公平性。当代人之间的公平性要求任何一种海洋开发活动不应带来或造成环境资源破坏，即在同一区域内一些人的生产、流通、消费等活动在资源环境方面，对没有参与这些活动的人所产生的有害影响；在不同区域之间，则是一个区域的生产、消费以及与其他区域的交往等活动在环境资源方面，对其他区域的环境资源产生削弱或危害。世代的公平性要求当代人对海洋资源的开发利用，不应对后代人对海洋资源和环境的利用造成不良影响。

海洋资源的可持续利用应达到以下目标：1. 在保证海洋资源可持续利用的基础上，强化开发深度和广度，提高开发的科技含量，不断提高海洋开发和海洋服务领域的技术水平，加快先进适用技术的推广应用，提高海洋经济增加值；综合开发利用海洋资源，提高资源的利用效率；不断发现新资源，利用新技术，形成和发展海洋新产业，推动海洋经济持续、快速、健康发展。2. 对海洋可再生资源而言，要改善对资源的利用效率，既要尽可能多地对其进行利用，又要保持生态系统有较强的恢复能力和维持其可持续再生产能力；对海洋不可再生资源要有计划地适度开发，不要影响后代人的利益。3. 优化配置海洋资源，使其功能得到充分发挥。4. 海陆一体化开发，统筹制定沿海陆地区域和海洋区域的国土开发规划，逐步形成临海经济带和海洋经济区，推动沿海地区的进一步繁荣发展。5. 开发与保护协调。制定海洋开发和海洋生态环境保护协调发展规划，按照预防为主、防治结合，谁污染、谁治理的原则，加强海洋环境监测和执法管理；重点加强陆源污染物管理，实行污染物总量控制制度，防止破坏海洋环境。6. 完善海洋综合管理体系，制定统一协调的海洋开发政策，建立健全有利于海洋资源可持续利用的法律法规，逐步完善各种海洋开发活动的协调管理。

我国海洋生态系统多种多样，既有典型的红树林生态系、珊瑚礁生态系、河口生态系，也有数量庞大的港湾，成为中国近海生物繁衍、生长的摇篮，也是地球生态系统中生物多样性和生产力较高的生态系统。我国管辖海域的资源和环境是沿海地区经济社会发展的重要基础，对海洋经济以及整个沿海地区的经济发展起着越来越重要的支撑作用。然而，由于中国人均海洋资源占有量相对较少，经济发展对资源的需求又日益增多，使海洋资源的可持续利用面临着严峻的挑战。需要通过行政、法律、经济、科技和教育等手段，对海洋开发活动进行组织、指导、协调、控制和监督，以保证合理利用海区的各种资源，促进各行业协调有序发展，提高整个海区的经济效益、社会效益和生态环境效益。

《中国 21 世纪议程》指出，要重点强化海洋生物资源管理，最终实现海洋渔业资源的可持续利用和保护；建立大海洋生态系监测与保护体系和环境预报服务体系；建立布局合理的自然保护区网，并加入国际海洋自然保护区网络，在维护海洋生物多样性的同时提高沿海居民生活水准，开展大洋、极地海洋生物资源调查研究，开发利用和保护公海生物资源。为防止海洋生态系的退化，维持资源的可持续利用，必须加强生物物种和生态环境的保护，有计划地建立相当规模和数量的海洋自然保护区、保留区，形成区域性、国际性海洋自然保护区网，采取适当措施保护海洋生物多样性；改善及完善各种有效的开发利用技术措施，合理利用经济鱼类；完善海洋生物资源保护法规体系，加强资源开发利用管理；加强国际合作和区域合作，维护海洋生态系的良好状态，形成养护、研究和管理的国际合作机制。

海洋和海洋资源具有一定的公有性，因此许多海域和海洋资源各国都可以利用。世界海洋总面积的 35.8% 以领海大陆架的 200 海里专属经济水域的形式划归沿海国家管辖，其他 64.2%（约合 2.3 亿平方千米）的区域仍为世界公有。在划归沿海国家管辖的水域内，船舶航行仍是自由的，因此也具有公有性质。即使是各国的领海，其他国家的船舶也有无害通过的自由。公海和国际海底的资源是世界共有的，各国都有权开发利用。各国通过交纳一定的养护费可以获得别国管辖海域渔业资源的捕捞权，内陆国可以在沿海国管辖海域内获得一定数量的剩余捕捞量，这些规定与陆地资源利用存在很大差别。因此，海洋资源的可持续开发利用，必须树立全球意识，加强国际合作。我国政府一贯主张沿海经济发展与海洋环境保护相协调；保护海洋环境是全人类的共同任务，但经济发达国家负有更大的责任；加强国际合作要以尊重国家主权为基础；处理海洋环境问题应当兼顾各国现实的实际利益和世界的长远利益。中国在采取一系列措施保护沿海和海洋环境的同时，积极参与海洋环境保护的国际合作，为保护全球海洋环境这一人类共同事业进行了不懈的努力。中国支持并积极参与联合国系统开展的环境事务，是历届联合国环境署的理事国，与联合国环境署进行了卓有成效的合作。中国已缔结和参加了多项国际环境条约，涉及海洋环境保护的国际条约和协议主要有《1982 年联合国海洋法公约》、《1969 年国际油污损害民事责任公约》、《1972 年防止倾倒废弃物和其他物质污染海洋公约》、《1973/78 国际防止船舶造成污染公约》、《1990 年国际油污防备、反应和合作公约》、《1992 年生物多样性公约》

和《1971 关于特别是作为水禽栖息地的国际重要湿地公约》等。

→ 知识点

为什么说溴是海洋元素

海水中溴的浓度较高，在海水中溶解物质的顺序表中可排在第 7 位，平均浓度大约为 67 毫克/升。海水中溴的总含量有 95 万亿吨之多，占整个地球溴总储量的 99% 以上，因此可以说溴是"海洋元素"。

我们所使用的青霉素、链霉素等各种抗菌素都离不开溴。溴不仅与人类的生活和健康有关，在农业生产上也大有用途，用溴制作的熏蒸剂和杀虫剂，可以消灭害虫。

在工业方面，溴也有用武之地。目前溴大量地用作燃料的抗爆剂，把二溴乙烷同四乙基铅加到汽油中，可使燃烧后所产生的氧化铅变成具有挥发性的溴化铅排出，可防止汽油爆炸。用溴能生产一种溴丁橡胶。

▌设立海洋宣传日

海洋是人类共同的财产。1993 年 2 月，在联合国教科文组织政府间海洋学委员会第 17 届大会上，葡萄牙政府代表团提出建立"国际海洋年"的建议。根据该建议，大会通过了一项关于号召各国共同举办"国际海洋年"的决议，并向联合国大会提请建议。联合国认识到海洋、海洋环境、海洋资源和海洋持续发展的重要性，1994 年 12 月，在联合国第 49 届大会上通过了这项由 102 个成员国发起的决议，宣布 1998 年为"国际海洋年"。

在这项决议中，联合国要求世界各国做出特别努力，通过各种形式的庆祝和宣传活动向政府和公众宣传海洋，提高人们的海洋意识，强调海洋在造就和维持地球生命中所起的重要作用，强调保护海洋资源与环境的重要性，保持海洋的持续发展和海洋可再生资源的可持续利用，加强海洋国际合作。

1997 年 7 月，联合国教科文组织通过了将"海洋——人类的共同遗产"

作为"国际海洋年"的主题的建议，并将7月18日定为"世界海洋日"。"98国际海洋年"以及"世界海洋日"成为世界各国加快进军海洋步伐的一次全方位行动。

世界上已有不少国家已经设立与海洋有关的节日。日本自1941年起，便规定7月20日为"海洋纪念日"。1994年《联合国海洋法公约》生效后，日本国会立法将每年的7月20日确定为海洋日。另外，日本还将每年的7月27日定为蓝海节。届时，日本沿海都市都将举办蓝海节，专家学者共同研讨开发和利用海洋资源，表彰作出突出贡献的海洋工作者。英国则将8月24日定为英国海洋节，并邀请各国参加。每年的5月22日是美国的海运节，以示纪念蒸汽轮"萨凡纳"首次横渡大西洋这一壮举，并且一直沿袭到现今。另外还将每年10月的第二个星期一定于"哥伦布日"，以纪念哥伦布在美洲新世界登陆。除此之外，安哥拉的渔民岛节、菲律宾的捕鱼节、巴西的海神节、希腊的航海周等世界各国举办的海洋节日活动，都为我国提供了很好的经验，具有一定的借鉴意义。

在我国有的沿海地方，每年也都将举行隆重的海洋节日。每年7月，中国青岛都将举行青岛海洋节；浙江省象山县每年也都将举办开渔节；中国海洋文化节也已在浙江岱山县成功举办了3届。如今，为进一步增强国民海洋意识，为我国建设海洋强国打下坚实基础，促进我国海洋事业又好又快发展，设立一个全国性的海洋节日，实现全民参与、全民关注，成为海洋工作迫在眉睫的任务。

早在1998年国际海洋年期间，我国政府就积极参加国际社会为迎接1998国际海洋年而举办的各类活动，发布《中国海洋政策白皮书》，并开展了系列宣传工程。国家海洋局与多部门联合主办了"98国际海洋年"大型宣传活动，取得了明显的效果。2008年正值"98国际海洋年"10周年，为落实中央领导指示和《纲要》精神，国家海洋局决定：从2008年开始启动"全国海洋宣传日"活动，并将时间定于每年的7月18日。目的在于通过连续性、大规模、多角度地宣传，以全民参与的社会活动为载体，以媒体宣传报道为介质，构建海洋意识宣传平台，主动传播海洋知识，深入挖掘海洋文化，引导舆论关注海洋问题热点，促进全社会认识海洋、关注海洋、善待海洋和可持续开发利用海洋，显著提高全民族海洋意识。

"全国海洋宣传日"口号：

1. 扬帆绿色奥运，拥抱蓝色海洋

2. 海洋宣传日：一天的提醒，一生的行动

3. 拥抱蓝色海洋，珍爱生命摇篮

4. 生命从海洋开始，善待海洋从你我开始

5. 民无海洋不富，国无海洋不强

6. 坚持科学发展，构建和谐海洋

7. 拥抱海洋，感恩海洋，善待海洋

8. 手拉手保护海洋环境，心连心传承海洋文明

9. 实施海洋强国战略，共图民族复兴大业

10. 海洋，中国腾飞的加速器

知识点

为什么说大海是药物宝库

海洋里有上万种藻类，海藻类药物对多种疾病有很好的疗效。如海带可治高血压，紫菜能显著降低胆固醇，马尾藻的提取物对金黄色葡萄球菌、大肠杆菌有抗菌活力，一些海藻则对胸腺炎、流感病毒有抑制作用。到目前为止，已证明可用于提取抗生素的海藻不下二三百种。科学家还认为，食用巨藻、海带和鹿角菜可预防放射性锶所引起的骨癌。

细菌是海洋里广泛生长的微生物，从表层到深海都有它们的踪迹。其数量之大，不亚于陆地。据统计，每立方厘米海水中就有100万个细菌。这些繁殖迅速、充满活力的微小生命很有希望成为新型抗菌素的重要来源。有人从中提取出了头孢霉素，其杀菌力之强，能足以制服连青霉素也奈何不得的葡萄球菌！

构建人海和谐关系

海洋作为我国重要的战略资源，是21世纪我国实现经济可持续发展的重要组成部分，循环经济是以可持续发展为原则的管理公共资源的重要经济模

式之一。我国未来经济发展，将以循环经济理念和基本原则作为发展指导，以发展海洋循环经济、构建和谐人海关系为支撑体系。

发展海洋循环经济

我国是一个海洋大国，地处太平洋西岸，海岸线长达 18000 多千米，海洋面积接近陆地领土面积的 1/3，海洋生物 2 万多种，海洋石油资源量约 240 亿吨，天然气资源量 14 万亿立方米，滨海沙矿资源储量 31 亿吨。应当指出，海洋所蕴藏的巨大潜在资源和能力将为 21 世纪中国的和平崛起、建设小康社会、实现社会主义现代化提供不可或缺的物质条件。21 世纪，海洋将成为解决我国资源、人口、环境问题的主要出路。

发展海洋循环经济，走可持续发展道路是构建和谐人海关系的前提和基础。海洋循环经济是在可持续意义下强调发展，不超越生态环境系统的更新能力，实现海洋生态的良性循环。其实质是一种资源节约型、环境友好型经济发展模式，把发展经济看做是一个社会—经济—自然复合生态系统的进化过程。其过程是一个"资源—产品—废弃物—再生资源"的反馈式循环，通过延长产业链，在系统内进行"废弃物"全面回收、再生资源化、循环利用。循环经济的目标不是高能耗、高产出、污染严重的物质文明，而是高效率、高科技、低消耗、低污染、整体协调、循环再生、健康持续的生态文明。因此，海洋生态的可持续性、高效性、和谐性和自我调节是海洋经济发展所依赖的环境系统，是新时代人海关系和谐的前提因素。发展海洋经济就是要实现一条从对立型、征服型、污染型、掠夺型、破坏型向和睦型、协调型、恢复型、建设型、闭合型演变的人海和谐生态轨迹，实现从只追求经济利益的一维繁荣走向社会、经济、生态、健康、物质文明、精神文明和生态文明的多维立体繁荣。

人海关系即人类与海洋之间的关系，是人地关系的一种类型，其主要反映在人类对海洋的依赖性和人类的能动性两方面。纵观漫长的历史过程，人类很早就开始了"兴鱼盐之利，通舟楫之便"的依海式生活，海洋也为人类带来了更多的财富和恩泽。然而，20 世纪开发海洋的热潮，使得我国近海区域的一些海洋资源开发过度，环境遭到破坏，物种锐减，海洋污染逐年加重，这在很大程度上制约了海洋经济的健康发展，也影响了沿海地区经济的发展，影响海域的综合开发效益，难以持续利用。所以，在新时代提出了在可持续发展观念下的新型人海关系的概念，其实是一种互利互惠、共生共长的关系，人要尊重海洋、尊重自然，这样才能与自然和谐相处，人类才能永续发展。一方面，人类要向海洋索取更多的资源，供人类发展利用；另一方面，人类要积极地良化海洋环境，让海洋的生产力不断提高，以满足人类日益增长的需要。因此，构建和谐人海关系既是发展海洋循环经济、走可持续发展道路的前提与必要条件，同时也是其最终目标，二者互相作用，不可分割。

构建和谐人海关系

必须看到，当前世界经济中心正向太平洋转移，而太平洋西岸更是世界经济中增长速度最快的区域。为了迎接海洋世纪的到来，必须全面贯彻落实科学发展观，实现我国经济社会的全面协调可持续发展。因此，必须顺应历史潮流，体现人民群众根本利益，走可持续发展的国民经济体系建设道路，以人为本，以海为源，发展海洋循环经济，促进人海关系和谐。

人海关系和谐，发展海洋循环经济，应该：1. 着眼于开发利用新的海洋技术，加大勘测力度，发现更多资源，弥补陆地能源不足，缓解需求增长的压力造成的环境、生态破坏。除此之外，还要反对海洋资源的掠夺式开发，保护海洋生态环境和海洋生物种类的多样性，走出一条以海洋生态系统的可持续性为基础、海洋经济的可持续性为中心、社会发展的可持续性为目的的发展道路。2. 明确未来海洋发展战略，坚持生态目标与经济目标的统一，统筹规划与突出重点的统一，重视海洋生态系统与经济系统良性循环、海洋资源与环境资源协调发展，走出"先污染、后治理"的恶性怪圈，实现科学开发与永续利用的有机结合。

从宏观层次看，必须明确发展海洋经济的最终目的是促进人的全面发展和社会的全面进步，使海洋经济真正成为促进人类物质和精神生活质量以及环境质量提高的物质手段，由以海论海的狭窄圈子向海陆一体化发展的思路转变，由粗放型无序开发利用海洋资源向集约化综合开发利用海洋资源转变，由传统海洋产业向新兴海洋产业转变，由无偿使用海域、掠夺性开发海洋资源向海域有偿使用、可持续发展的海洋利用开发转变，以人为本，把海洋开发作为全局性的战略任务进行综合部署，促进海洋生产力方式的优化和生产关系的调整，实现海洋经济的可持续发展。可以肯定，中国要提出以海洋资源为开发对象，以制度体制创新为重点的海洋开发战略是至关重要的。

走可持续发展的海洋之路，要求我们依托循环经济的发展模式和基本原则，形成和谐的人海关系。主要表现在：1. 以可持续发展理念为基础，实现资源的高效利用和循环利用。变废为宝，将经济社会活动对自然资源的需求和生态环境的影响降低到最小程度，从根本上解决经济发展与资源紧缺和环境保护之间的矛盾。2. 以人的健康安全为前提，坚持以人为本的原则。以社会效益、经济效益和生态效益全面协调发展为目标，从根本上解决自然、社会、经济和生态系统之间的矛盾。3. 遵循"减量化、资源化、再循环"的重要原则。最大可能地延长产品—废弃物的转化，有效延长产品的服务周期和强度，提高资源的利用效率和环境同化能力，实现资源节约最大化和污染排放最小化。4. 正确处理海洋开发与陆地开发的关系。加强海陆之间的联系和相互支援，发展既要以陆地为后方，又要积极地为陆地服务，相互依托，相互促进，海陆并举，加快人海关系和谐步伐。

完善制度体系

推进海洋经济可持续发展必须采取新举措，加快建设海洋强国的时代步伐，构置发展海洋循环经济的支撑体系，努力实现人海关系和谐发展的局面，尤其是在海洋经济开发的进程中着手建立以保护为前提、以法律为保障、以市场为导向、以科技为动力的支撑体系。

1. 建立以保护为前提的支撑体系。吸取世界工业化和城市化"先污染，后治理"的深重教训，在海洋经济开发中必须建立以保护为前提的支撑体系，下工夫综合治理重点海域的环境，努力恢复近海海洋生态功能，保护红树林、海滨湿地和珊瑚礁等海洋、海岸带生态系统，加强海岛保护和海洋自然保护区管理；积极完善海洋功能区划，规范海域使用秩序，严格限制和制止开采海沙、围海造地的急功近利行为；有计划、有重点地勘探和开发专属经济区、大陆架和国际海底资源。落实科学发展观，合理地开发、利用和保护海洋资源，实现海洋的可持续发展。

2. 建立以法律为保障的支撑体系。对于发展海洋循环经济来说，建立法律支撑体系十分重要，有利于为全国海洋经济大发展创造公正、公平、公开的社会环境。在借鉴发达国家经验教训的基础上，加快循环经济立法进程，形成配套的法律体系，建立监督有效、执法有力的海洋管理队伍，明确消费者、企业、各级政府在发展循环经济方面的责任和义务，明确把生态环境作为资源纳入政府的公共管理范畴之内。以此推动海洋综合管理体系的形成和海洋法规的不断完善，逐步使海洋开发得到合理、有序、协调和可持续发展。

3. 建立以市场为导向的支撑体系。在经济全球化的大背景下，推进海洋经济开发必须建立起以内需为基点、以市场为导向、以效益为主线的产业结构，建立起符合社会主义市场经济体制要求的各种操作机制和交易规则，站在时代的高度重视海洋事业，按照全面、协调和可持续的标准统筹经济、资源、环境三者的协调发展，把政府宏观调控与市场利益调节结合起来，遵循"两个市场、两种资源"的开发开放价值取向，坚持"开发与保护并举，速度与效益统一"的基本原则，实现人海关系的和谐发展。

4. 建立以科技为动力的支撑体系。先进的科学技术是循环经济的核心竞争力。因此，必须建立符合国情的循环经济技术支撑体系。循环经济技术体系的发展重点是环境友好技术或环境无害化技术，具体由5类构成：替代技术、减量技术、再利用技术、资源化技术、系统化技术。所以，要加强战略性的海洋高新技术项目的研究开发，以新的理论和新的方法来延长海洋经济的产业链，完善和实施"科技兴海"计划，落实人才强国和科技兴海战略，鼓励海洋科技的源头创新，努力探索出一条资源消耗低、环境污染少、科技含量高、经济效益好，并且使涉海人力资源优势能够得到充分发挥的新型人海和谐发展模式。

知识点

氢 能

氢是宇宙中分布最广泛的物质，它构成了宇宙质量的75%，因此氢能被称为人类的终极能源。水是氢的大"仓库"，如把海水中的氢全部提取出来，将是地球上所有化石燃料热量的上万倍。氢的燃烧效率非常高，只要在汽油中加入4%的氢气，就可使内燃机节油40%。

以氢气代替汽油作汽车发动机的燃料，已经过日本、美国、德国等许多汽世公司的试验，技术是可行的，目前主要是廉价氢的来源问题。氢气燃烧不仅热值高，而且火焰传播速度快，点火能量低，所以氢能汽车比汽油汽车总的燃料利用效率可高很多。当然，氢的燃烧主要生成物是水，只有极少的氮氧化物，绝对没有汽油燃烧时产生的一氧化碳、二氧化碳和二氧化硫等污染环境的有害成分。另外，氢燃料电池技术，被认为是利用氢能，解决未来人类能源危机的终极方案。

共同呵护生命的摇篮

GONGTONG HEHU SHENGMING DE YAOLAN

海洋是孕育所有生命的摇篮。人类要开发和利用海洋，首先要维护一个和谐的海洋生态环境，只有这样，海洋才会乐于奉献它的资源，否则它带给你的就是惩罚性的灾难。

海洋生态环境是海洋生物生存和发展的基本条件，海洋生态平衡的打破，一般来自两方面的原因：一是自然本身的变化，如自然灾害。二是来自人类的活动，一类是不合理的、超强度的开发利用海洋生物资源；另一类是海洋环境空间不适当地利用，致使海域污染的发生和生态环境的恶化。海洋环境的恶化不仅直接危及当代人的利益，而且贻害子孙，后患无穷。

由于海洋占去了地球的"大半江山"，因此，只有全人类联合起来加强海洋生态环境的保护，才能真正实现海洋资源的可持续利用。为此，制定各国遵守的海洋保护公约，并努力实施；减少对海洋等水体的废水、废渣、固体废弃物等污染；加强监测，加大对海域生态系统的保护；合理的开发海洋矿产、生物、能源等资源；加大海洋科学的研究和投入等等，迫在眉睫。

保护海洋各国在行动

瑞典设立奖项

1999 年瑞典政府宣布设立"波罗的海水奖"，以奖励为保护和改善波罗的海水质作出贡献的个人与集体。

据瑞典外交部介绍，"波罗的海水奖"奖金额为 1 万欧元（合 1 万多美元），由瑞典有关方面专家评选，在每年 8 月中旬举行的斯德哥尔摩水节上颁发，波罗的海沿岸国家的任何个人、组织或政府机构都享有获奖的权利。

1999 年 8 月 11 日，瑞典政府宣布把第一届瑞典"波罗的海水奖"授予波兰的普拉奇水公司，以奖励该公司为改善波罗的海水质所作出的努力。

由瑞典有关方面人士组成的评审机构认为，普拉奇公司作出的努力不仅有利于波罗的海水质的改善，而且还促进波兰全国环保意识的提高。

普拉奇公司采取了两方面行动：1. 在波兰一些主要河流上建立清污厂，以清除流入波罗的海的河水中含有磷与氮等化学物质；

波罗的海

2. 清除波兰波罗的海沿岸城市入海口处的污染物。

日本全民行动

2004 年 6 月，在日本全国性的社团法人组织"海和沙滩环境美化机构"的指导下，日本各地海洋环境美化运动正在蓬勃兴起，大家纷纷行动起来保护海洋。

1. 最引人注目的一项活动是清除海洋沿岸垃圾。

海洋沿岸垃圾分人工垃圾和自然垃圾。（1）人工垃圾主要有纸、布类、玻璃、陶器、塑料、金属饮料罐、油污等，多由观光旅游、洗海水浴和垂钓者乱扔和海上生产活动所致；（2）自然垃圾包括漂浮物如木头、草类等，多由陆地流入海洋。

为了解决垃圾问题，"海和沙滩环境美化机构"向公众提出了"不增加垃圾三原则"，即不产生垃圾、不扔垃圾和带走垃圾。与此同时还大力推动全国各地保护海洋团体对海岸垃圾进行大规模清理。清理海洋垃圾的人有的日复一日年复一年，把这当成唯一的使命，有的志愿者则定期参与垃圾清理。除此之外，还有政府官员和民间团体组织的全国性清理活动。有关统计数字表明，自1992年以来，日本全国的志愿者清理的海岸线达30884千米，参加清理的人数达138万人，回收垃圾达54万立方米。

2. 对全国的海底藻场和海河交界的浅滩进行调查。藻场的功能除了可以生产海带、裙带菜等，还是鱼贝类产卵和孵育的场所，同时可起到净化海水的作用；海河交界的浅滩是盛产蛤仔、文蛤、幼鱼和幼虾的场所，堪称生物多样性的宝库。调查内容包括藻场和海河交界的浅滩的面积、在每个县分布

志愿者清理垃圾

的情况、每年的减少情况，潮位差的大小，海洋生物的分布，渔业资源增加和减少情况，水的透明度，过去的填海工程造成的影响等。调查都有非常详细的数据，既可为政府制定保护海洋的政策提供科学依据，也可以提醒普通公众注意保护海洋。

3. 大力宣传保护森林。浩瀚的森林，可以不让水土流失，把天上雨水储

存在落叶和土壤中，然后再慢慢流到海里，森林水土保持功能使汇入大海的雨水含有腐叶成分，变成鱼贝类和浮游生物的食饵和海草类生长的养分，大海因此成为生命更为五彩缤纷的世界。没有森林，雨水会变成洪水，把挟带的泥沙倾泻到海里，对鱼类繁衍栖息地造成严重影响。因此，保护海洋就要爱护每一片森林和每一棵树木。日本在这方面做得非常好，每一座山都布满郁郁葱葱的林木，还通过"海和沙滩环境美化机构"进行各种宣传活动，让公众都知道森林和海洋的密切关系。

加拿大利用与保护并重

加拿大三面环海，东临大西洋，西濒太平洋，北面北极海，海岸线约 25 万千米，为世界最长；大陆架 200 海里，为世界第二；近海区域 1680 万平方千米。加拿大国内外贸易都以海上运输为主，全国人口约 1/4 在沿海居住。为了推进国家的海洋开发，加拿大制定了 21 世纪国家海洋发展战略。

合理利用海洋，充分保护海洋环境，保证海洋的可持续开发已成为加拿大重要的国家战略决策，为此，加拿大政府在海洋发展战略中确定了 3 个原则和 4 个紧急目标。

3 个原则是：可持续开发；综合管理；预防的措施。

4 个紧急目标为：

1. 把现行的各种各样的海洋管理方法，改为相互配合的综合的管理方法；

2. 促进海洋管理和研究机构的相互协作，加强各机构的责任性和运营能力；

3. 保护海洋环境，最大限度地利用海洋经济潜能，确保海洋的可持续开发；

4. 力争使加拿大在海洋管理和海洋环境保护方面处于世界领先地位。

为了实现国家的海洋战略目标，政府和有关各方制定了具体措施。

为了加强海洋的管理，必须进一步观测、研究、调查和分析海洋。因此，加拿大政府加强了海洋科技开发的预算分配，在 2003 年拨款近 8 亿加元（1 美元约合 1.36 加元），作为海洋科技开发经费。其他措施包括：广泛收集海洋资料，提高海洋基础资料的精度；提高航行用海图的制作能力；研究全球规模的气候变动；界定海洋资源和海洋空间的定义；保护资源开发和海底矿物资源；加强海洋科学和技术专家队伍建设等。

　　近年来，加拿大的海洋环境遭到了不同程度的污染，由此，加拿大制定了海洋水质标准和海洋环境污染界限标准，对石油等有害物质流入海洋的采取预防措施和制定预防体制，研究海洋环境对人类健康的影响。

护卫队的护卫船

　　加拿大还设立了"沿海护卫队"负责保护海洋环境，沿海护卫队对化学物品和石油的泄漏事故能迅速做出反应，并在很短时间内对大面积污染物进行清除。为了应对海洋中的泄漏事故，海洋护卫队在全加拿大设立了 72 处战略设施。上述措施对保护加拿大海洋环境发挥了重要的作用。

　　在保护海洋生物的多样性方面，加拿大政府和非政府组织加强了对海洋生物种群的丧失和劣化、海洋气候变动的影响、深水生态系统的变化等方面的研究，并采取了限制捕捞捕杀濒危海洋鱼类和动物的措施。为保护鳕鱼、大马哈鱼等鱼种和鲸等海洋动物，政府投资近 5 亿加元，建立各种研究所和保护设施。

　　为了更好地开发和利用海洋资源，对利用、管理生物资源和非生物资源原则上必须一致。因此，加拿大决定制定面临世界三大洋的海岸带综合管理战略；协调政府和咨询机关的关系；制定新的综合管理计划和相应的海洋法律；加强海洋情报的收集和评价。

　　加拿大海域每年航行的船舶要超过 10 万艘，运输的货物超过 360 万吨。在确保海运和海事安全方面，政府主要考虑：海运和相关产业对加拿大经济的意义；环境标准及其实施；船舶航行的自由；责任范围；严防船舶污染环境；提高海洋气象预报业务；设定船舶航行的敏感海域。

　　在提高海洋产业的经济效益，扩大海洋技术产业方面，加拿大政府正进一步加强对商业化的研究，掌握海洋产业动向；改善政府对海洋产业的管理体制；加强政府与民间企业的协作；制定多目的利用海洋的原则；加强石油和天然气开发与管理；振兴海洋娱乐业。

为了明确加拿大在国际上的海洋战略地位，发挥海洋科学、水理学、监测、管理与技术等方面的作用，加拿大将增进国际合作，积极参与全球性课题的研究。

加拿大强调要加强对公众，特别是青少年的教育，增强全社会的海洋保护意识观念，提高个人和组织对海洋战略的贡献能力。

中国的"碧海行动"

中国政府高度重视海洋环境污染的防治工作，采取一切措施防止、减轻和控制陆上活动和海上活动对海洋环境的污染损害。按照陆海兼顾和河海统筹的原则，将陆源污染防治和海上污染防治相结合，重点海域污染防治规划与其沿岸流域，城镇污染防治规划相结合，海洋污染防治工作取得了较大进展。面对新的严峻形势和挑战，中国将进一步采取一系列的政策和措施，坚持不懈地做好海洋污染防治工作。

制定和实施"碧海行动计划"。努力改善海域生态环境。《渤海碧海行动计划》经国务院批复正式实施，并纳入国家环境保护"九五"和"十五"计划中的的环境综合治理重点工程。通过"计划"中的城镇污水处理厂、垃圾处理厂、沿海生态农业、沿海生态林业、沿海小流域治理、港口码头的油污染防治、海上溢油应急处理系统的建设以及"禁磷"措施的实施，初步遏止渤海海域环境继续恶化趋势。为保护和改善海洋生态环境，促进沿

碧海行动

海地区的经济持续、快速、健康发展，目前沿海其他 7 个省、市、自治区也正在编制本区域的"碧海行动计划"，制定陆源污染物防治和海上污染防治的具体措施。此外，长江口及其邻近海域生态环境日趋恶化，赤潮频繁发生，并直接威胁长江三角洲社会经济的可持续发展，为改善长江口及毗邻海域的

生态环境，中国正在制定长江口及毗邻海域碧海行动计划。

防止和控制沿海工业污染物污染海域环境。随着沿海工业的快速发展和环境压力的加大，中国政府采取一切措施逐步完善沿海工业污染防治措施。1. 通过调整产业结构和产品结构，转变经济增长方式，发展循环经济。2. 加强重点工业污染源的治理，推行全过程清洁生产，采用高新适用技术改造传统产业，改变生产工艺和流程，减少工业废物的产生量，增加工业废物资源再利用率。3. 按照"谁污染，谁负担"的原则，进行专业处理和就地处理，禁止工业污染源中有毒有害物质的排放，彻底杜绝未经处理的工业废水直接排海。4. 加强沿海企业环境监督管理，严格执行环境影响评价和"三同时"制度。5. 实行污染物排放总量控制和排污许可证制度，将污染物排放总量削减指标落实到每一个直排海企业污染源，做到污染物排放总量有计划的稳定削减。

➡➡➡ 知识点

海洋中的四大资源

海洋中蕴藏着一笔巨大的宝藏，这笔宝藏包括四个方面：生物资源、矿产资源、化学资源和动力资源。这些资源如果得到合理开发利用，化解未来的能源危机是毫无问题的。

海底是海洋动植物残骸的集聚地，这些海底沉积物中的动植物残体和有机质，形成了多余的带正电的氢离子，于是海洋表层和底层的电位差产生了，从而形成一个天然的巨大的生物电池。

海底的矿产资源，其种类之繁多，含量之丰富，令人惊叹。在地球上已发现的 100 多种元素中，有 80 多种在海洋中存在。

海水中蕴藏着丰富的化学资源，如钠、镁、硫、钙、钾、溴、碘、碳、氟、硼、铀等。它在海水中的含量是很大的，如果把它们都提取出来，平铺在全世界的陆地上，那么陆地的高度可以增加 150 米！

海洋每时每刻都在不息地运动着，这永不息止的海水运动，使海洋拥有了无穷的动力资源，如潮汐能、波浪能等。

国际海域的环境保护

国际海域，又称公海，是指各沿海国管辖范围以外的广大海洋。1982 年通过的《联合国海洋法公约》第六十八条指出：公海部分的规定适用于不包括在国家的专属经济区、领海或内水或群岛国的群岛水域内的全部海域。国际海底区域是人类的共同继承财产。

公海的环境保护

2000 年北半球第一个公海自然保护区最近在地中海建立。这一自然保护区将为鲸和海豚等海洋濒危物种提供良好的保护。

意大利、摩纳哥和法国达成协议，决定在三国共有海域和公海建立保护区。这一保护区位于地中海西北，面积为 8.4 万平方千米，相当于瑞士国土面积的 2 倍。

根据协议，这三个国家将协调对该海域的监管，并加强对保护区内污染源的控制。

在这一海域的海洋生物都将得到更好地保护，将对污染和噪声采取更严格的防范措施，对捕鱼业的规定也会更严厉，特别是要禁止使用拖网。

意大利环境部长·爱多·伦奇说："我们不会在保护区海域内设立特别的围栏或界标。我们只想让人们在利用这一海域时有这样一种意识，那就是，这里有一些价值非凡的东西，我们有责任对其进行保护。"

这一海洋保护区所在海域是众多小型和大型鲸类以及海豚的主要捕食区，它们的密度比地中海其他海域要高 2～4 倍。

2004 年 6 月，环保组织敦促联合国禁止在国际海域的水底拖网捕鱼，认为这种行为是公海上最具破坏性的捕鱼方式。

渔船在进行水底拖网捕鱼时，会沿着极深海洋底部靠近海底山（水下的山峰）的地方拖曳巨大的渔网，将沿途的珊瑚、海绵和其他深海生物栖息地毁坏殆尽。

深海保护联盟（Deep Sea Conservation Coalition）表示，由于大多数海底

山都在国家法律的管辖围之外，因此这种捕鱼方式在全球广阔的公海上完全不受规约。

提出此项要求的环保组织包括：自然资源保护协会（Natural Resources Defense Council）、绿色和平组织（Greenpeace International）、世界自然资源保护联盟（The World Conservation Union）、保护国际（Conservation International）和世界野生生物基金会（WWF International）。

渔业专家詹尼（Matthew Gianni）表示，最近可取得的数据显示，丹麦、爱沙尼亚、冰岛、日本、拉脱维亚、纽西兰（新西兰）、挪威、葡萄牙、俄罗斯和西班牙等11国光在2001年就占据了全部公海水底拖网捕鱼量的95%。

2004年9月世界野生动物基金组织（WWF）与华轮威尔森航运公司（Wallenius Wilhelmsen Lines）签订3年协议，共同促进公海保护。

该协议也将加强WWF全球海洋计划在公海保护方面以及在挪威濒危海洋工程方面的工作。据WWF称，华轮威尔森航运公司将帮助组织改善公海管理，建立和发展行之有效的保护方案，例如公海海洋保护区域（High Seas Marine Protected Areas—HSMPAs）。

WWF公海保护策略包括降低违法、违规、未报（IUU）捕捞对海洋造成的不利影响，发展管理全球金枪鱼捕捞渔船的最佳方法，降低海洋物种如海龟、海豚和鲨鱼的副渔捕捞水平。

WWF全球海洋工程主任Simon Cripps说，这次WWF – Wallenius Wilhelmsen协议对保护海洋环境具有重要意义，有效保护深海资源免受拖网捕捞威胁。

国际海底区域的环境保护

国际海底区域是指国家管辖范围以外的海床、洋底及其底土，即国家领土、专属经济区及大陆架以外的海底及其底土。国际海底区域是《海洋法公约》确立的新的国际法概念和海洋区域。"区域"不影响其上覆水域及其水域上空的法律地位。

根据《联合国海洋法公约》的规定，"区域"及其自然资源是人类共同继承财产，任何国家不得对"区域"或其任何部分主张主权或行使主权权利，任何人不能将"区域"或其资源的任何部分据为己有。"区域"对所有国家开放，各国都可以为和平的目的加以利用。"区域"内的活动应为全体人类的利益而进行。"区域"内一切资源属于全人类，由国际海底管理局代表全人类加以管理。

1. 区域应不加歧视地开放给所有国家，不论其为沿海国或内陆国，专为和平目的利用。

2. 各国在区域的活动应符合《海洋法公约》的有关规定，并符合《联合国宪章》及其他国际法规则。

3. 对于在区域内未履行公约规定的义务而造成的损害，行为者应承担国际赔偿责任。

4. 区域内的活动应为全人类的利益而进行，并应特别考虑发展中国家的利益。区域内的活动还应顾及沿海国的权利和合法利益。

5. 区域内的科学研究应专为和平目的，并且为全人类的利益服务。区域内的活动应切实保护海洋环境。

6. 区域内发现的考古和历史文物，应为全人类的利益予以保存或处置，但应特别顾及来源国，或文化上的发源国，或历史和考古上的来源国的优先权利。

根据1982年《联合国海洋法公约》第十一部分（"区域"部分）和1994年《关于执行1982年〈联合国海洋法公约〉第十一部分的协定》，国际海底开发制度主要内容包括：国际海底管理局组织和控制区域内的活动，特别是区域内的资源的开发活动。海底局包括由全体缔约国组成的大会、36个国家组成的理事会、负责开发生产活动的企业部和秘书处四个主要机构。

南极地区的环境保护

从1958年6月起，阿根廷、澳大利亚、南非、美国等12国代表经过60多次会议，在1959年12月1日签署了《南极条约》（1961年6月23日生效）。此后，南极条约协商国又于1964年签订了《保护南极动植物议定措施》，1972年签订了《南极海豹保护公约》，1980年签订了《南极生物资源保护公约》。1988年6月通过了《南极矿物资源活动管理公约》的最后文件，该公约在向各协商国开放签字之时，由于《南极条约环境保护议定书》的通过而中止。但由于南极条约环保议定书中的很多条款系直接引自矿物资源活动管理公约，因此，《南极矿物资源活动管理公约》仍被视为可引为参考的重要法律文件。1991 年 10 月在马德里通过了《南极环境保护议定书》和"南极环境评估"、"南极动植物保护"、"南极废物处理与管理"、"防止海洋污染"和"南极特别保护区"5 个附件，并于 10 月 4 日公开签字，在所有协商国批准后生效。关于环境保护的南极议定书 1991 年 6 月 23 日在马德里通过，并于当年 10 月 4 日开放签署，1998 年 1 月 14 日生效。该议定书旨在保护南极自然生态。议定书规定，严格禁止"侵犯南极自然环境"，严格"控制"其他大陆的来访者，严格禁止向南极海域倾倒废物，以免造成对该水域的污染。议定书还规定禁止在南极地区开发石油资源和矿产资源。26 个国家签署了该公约，对南极生态保护承担严格的义务，其中也包括中国。

南极是地球上被开发、未被污染的洁净大陆，蕴藏着无数的科学之谜和信息。南极科考在地球环境气候、天文学、地质学、生物学等科学领域占有重要地位；南极是地球的共同财富，其蕴藏的丰富资源和能源，对于科考国具有重要的经济意

南极科考船

义；南极科考领域的不断纵深发展，对于实现社会可持续发展，激励民族精神，展示国家综合实力具有重要的社会和政治意义。

中国参与南极科考，作为安理会常任理事国和世界上最大的发展中国家，中国参与南极科学考察的意义尤显重大。早在 1983 年 8 月，中国就加入《南极条约》。1984 年 6 月，中国成立了第一支南极考察队。1985 年 2 月，中国在南极洲乔治岛上建立了中国南极长城考察站，同年 10 月 7 日中国又获得《南极条约》协商国资格。1989 年 2 月 26 日，中国科学工作者又在南极圈内的普里兹湾建立了中国南极中山考察站。此次南极科考 DOME – A 建站，显示了中国南极科考具备了从南极边缘向大陆纵深拓展的能力，标志着中国正在

由极地考察大国向极地考察强国方向迈进，也是中国于第4个国际极地年期间在人类极地考察史上留下的宝贵物质财富。建站对于提升中国在南极的科考水平、推动南极国际合作、保护南极环境将产生积极的影响。

具有重要的科学价值、美学价值和荒野价值的南极格罗夫山地区哈丁山，是我国独立提出并获得批准的第一个"南极特别保护区"。在2009年11月11日启程的我国第26次南极科学考察活动中，我国科考队员在格罗夫山地区开展一系列科学考察，同时进行环境管理和保护，这是我国首次在"南极特别保护区"履行环境管理与保护义务。

总面积约1400万平方千米的南极洲，是世界上最大、最质朴的一个荒野大陆，同时也是唯一的一个主权归属未定的大陆，设立"特别保护区"是各国管理南极事务、切实保护南极环境的一种特殊方式。截至目前，南极条约协商会议已批准设立了70多个南极特别保护区和7个特别管理区，保护区总面积超过3000平方千米。

国家海洋局极地考察办公室表示，南极特别保护区的建设从一定程度上反映出一个国家在南极科学的研究水准，同时也提升了一个国家在国际南极事务中的话语权和决策权。

在2008年召开的第31届南极条约协商会议上，我国提出的格罗夫山哈丁山南极特别保护区管理计划获得会议批准，成为我国设立的第一个南极特别保护区。保护区位于格罗夫山中部的哈丁山一带，长约12千米，宽约10千米，呈不规则四边形，岛链状分布的冰原岛峰构成的山脊纵谷地貌，保留着冰盖表面升降遗迹，分布着自然界罕见的、极易被破坏的典型冰蚀地貌与风蚀地貌，这些冰川地质现象既有重要的科学价值，又有罕见的荒野价值和美学价值。

2008年12月1日，《南极条约》签署50周年。联合国秘书长潘基文在为此发表的录像致词中指出，《南极条约》的通过是国际合作的典范，他鼓励各国为保护南极环境、应对气候变化等挑战继续加强合作。

潘基文表示，《南极条约》诞生半个世纪以来，新的挑战不断涌现，非法捕捞、旅游业的不利影响、商业生物勘探等活动都对南极脆弱的生态系统构成威胁，而最严重的威胁当属气候变化。

潘基文指出，要应对气候变化等挑战，就需要加强国际合作，这种合作并不局限于《南极条约》缔约国之间，而应涵盖整个国际社会。他敦促所有相关方为保护南极、促进科学研究以及人类进步而共同努力。

 知识点

《联合国海洋法公约》

在联合国的历史上，至今为止，一共举行过 3 次海洋法会议。第 1 次是 1958 年 2 月 24 日至 4 月 27 日在日内瓦召开的；第 2 次是 1960 年 3 月 17 日至 4 月 26 日在日内瓦召开的；第 3 次从 1973 年 12 月 3 日开始，先后开了 11 次共 15 次会议，直至 1982 年 4 月 30 日通过《联合国海洋法公约》。

该《公约》共分 17 部分，连同 9 个附件共有 446 条。主要内容包括领海、毗邻区、专属经济区、大陆架、用于国际航行的海峡、群岛国、岛屿制度、闭海或半闭海、内陆国出入海洋的权益和过境自由、国际海底以及海洋科学研究、海洋环境保护与安全、海洋技术的发展和转让等等。

按照该《公约》规定，《公约》应在 60 份批准书或加入书交存之后 1 年生效。从太平洋岛国斐济第一个批准该《公约》，到 1993 年 11 月 16 日圭亚那交付批准书止，已有 60 个国家批准《联合国海洋法公约》，这就意味着该《公约》到 1994 年 11 月 16 日正式生效。我国于 1996 年 5 月 15 日批准该《公约》，是世界上第 93 个批准该《公约》的国家。

国际上的海洋保护组织

绿色和平组织

绿色和平组织是一个联合会性质的国际组织，它所从事的活动代表着主张裁军、建立无核区无核海域、保护海洋动物资源等势力的利益。绿色和平组织从事的活动范围很广，其中包括：反对破坏海洋动物资源的商业性活动；反对损害南极环境的行为；反对在近海开采石油以免对近海造成污染；反对倾倒有毒废料；反对污染空气，防止酸雨生成；反对向地下道排放有毒化学废料；反对欧洲建立核电站；反对美国制造核武器；反对任何地方以任何形式处理核废料。绿色和平组织的工作原则是：非暴力行动、脱离党派之争、坚持国际主义。

绿色和平组织的活动得到了许多人的支持，到1992年，绿色和平组织的成员及其支持者至少有250万之多，他们遍及世界各地。该组织的预算在1980年是100万美元，到1992年已增至2750万美元，预算资金全部来自捐款。

绿色和平组织

截至1992年，绿色和平组织在20个国家设有32个主要办事处，在南极还设有基地，拥有9艘船，雇用了400名全日制工作人员和数百名业余工作人员，此外还有一支数以千计的庞大的支援者队伍。该组织的工作人员报酬不高，实行低工资政策的目的，是吸引那些致力于环境保护的人参加，而不是靠金钱诱惑人们参加其活动。

为了保护海洋环境，全世界沿海国家都成立了一些地区性的海洋环保组织。其不懈的努力必将唤醒人们的环保意识，使人类可以从容地面对未来，迎接可持续发展的新世纪。

国际海事组织

国际海事组织（International Maritime Organization—IMO）是联合国负责海上航行安全和防止船舶造成海洋污染的一个专门机构，总部设在伦敦。该组织最早成立于1959年1月6日，原名"政府间海事协商组织"，1982年5月改为现名，现有167个正式成员。香港特别行政区和澳门特别行政区为该组织联系成员。

该组织宗旨为促进各国间的航运技术合作，鼓励各国在促进海上安全、提高船舶航行效率、防止和控制船舶对海洋污染方面采取统一的标准，处理有关的法律问题。

国际海事组织理事会共有40名成员，分为A、B、C三类。其中10个A

国际海事组织

类理事为在提供国际航运服务方面有最大利害关系的国家，10 个 B 类理事为在国际海上贸易方面有最大利害关系的国家，20 个 C 类理事为在海上运输或航行方面有特殊利害关系并能代表世界主要地区的国家。理事会是该组织的重要决策机构。该组织每两年举行一次大会，改选理事会和主席。当选主席和理事国任期 2 年。2005 年 11 月 22 日，中国驻英国大使查培新在伦敦举行的国际海事组织第 24 届大会上当选国际海事组织大会主席。

中国于 1973 年恢复在国际海事组织中的成员国地位，曾在该组织第 9～15 届大会上当选为 B 类理事，并自 1989 年第 16 届大会起连续当选为 A 类理事。2007 年 11 月，中国再次当选国际海事组织理事会 A 类理事。这是中国连续第 10 次当选 A 类理事。

海洋守护者协会

海洋守护者协会（Sea Shepherd Conservation Society）是美国的一个非营利的、注册免税的组织，且是荷兰的一个已注册的基金会。它驻扎在美国华盛顿州的星期五港（Friday Harbor）和用于其南半球行动的澳大利亚墨尔本。协会成员们在联合国《世界自然宪章（1982 年）》和其他保护海洋物种与环境的法律法规的指导下开展运动。它掌握着一支 3 艘船的船队，并称之为"尼普顿的舰队"（Neptune's Navy）：考察船"法利·莫沃特"（RV Farley Mowat）、内燃机船"史蒂夫·欧文"（MV Steve Irwin）和考察船"海牛"

海洋守护者协会标志

（RV Sirenian），以及若干小一些的船艇。

绿色和平的早期成员保罗·沃森（Paul Watson）与该组织关于对鲸鱼遭杀害的"见证"态度起了一次争执以后，于1977年建立了协会。与（坚持避免破坏或物理妨碍海上捕鲸船只的方针的）绿色和平截然不同的是，海洋守护者参与包括毁坏和用其他方式物理妨碍捕鲸船作业在内的"直接行动"。

南极海洋生物资源养护委员会

南极海洋生物资源养护委员会（Convention for the Conservation of Antarctic Marine Living Resources）是南极条约体系的一部分，成立于1980年，总部位于澳大利亚塔斯马尼亚州。委员会的目标是保护南极周边海域的环境和生态系统完整性，并保存南极海洋生物资源。

成员国有阿根廷、澳大利亚、比利时、巴西、保加利亚、加拿大、智利、欧盟、芬兰、法国、德国、希腊、印度、意大利、日本、韩国、纳米比亚、荷兰、新西兰、挪威、秘鲁、波兰、俄罗斯、南非、西班牙、瑞典、乌克兰、英国、美国、乌拉圭和瓦努阿图。

国际海洋科学组织

国际海洋科学组织 International Marine Science Organizations 是在海洋科学方面开展合作活动的两国或多国组织的总称。

1902年成立的国际海洋考察理事会（ICES）是第一个国际海洋科学组织，其他组织绝大多数成立于第二次世界大战后。有些组织是政府间组织，受两国或多国政府间签订的有关海洋条约或协定的约束；有些是民间组织，通常由共同关心海洋某一专题的组织或个人组成。全面关心海洋科学的政府间国际组织以联合国教科文组织（UNESCO）下属的政府间海洋学委员会为代表，民间国际团体以国际科学联合会理事会（ICSU）下属的海洋研究科学委员会为代表。这两个委员会参与许多重要的世界性海洋科学活动。其他政府间或民间组织的科学活动范围都比较小，多限于某一地理区域或专题。

政府间国际海洋科学组织以联合国系统为主。联合国大会就国家管辖范围以外海床利用的立法和管辖问题，与海洋科学事务有直接关系。在联合国专门机构中，联合国粮农组织（FAO）、世界气象组织、教科文组织和政府间海事协商组织（IMCO），分别就海洋渔业、海洋气象、海洋科技培训和规划促进工作，以及国际航运和海上安全事项这些方面，与海洋科学事务有密切关系，其中1960年成立的政府间海洋学委员会是负责协调海洋科学活动的重要组织。在联合国跨组织联合小组中，也有一些有关海洋科学事务的组织，如海洋学科学规划联席委员会（ICSPRO）、海洋污染科学专家组（GESAMP）、全球海洋站系统联合促进组等。

联合国系统以外有五六十个独立的政府间国际海洋科学组织。其中多边组织较多，大多为专门设置。组建目的多是为海洋渔业服务，也有为区域性海洋测量、区域性海洋资源开发、区域性海洋环境保护，以及其他区域性专题研究而组建的。例如，由巴西、加拿大、古巴、法国、加纳、象牙海岸、日本、韩国、摩洛哥、葡萄牙、塞内加尔、南非、西班牙和美国于1966年组成的国际大西洋金枪鱼资源保护委员会（ICCAT），目的是促进大西洋金枪鱼资源的研究和保护；由中国和日本于1975年组成的中日联合渔业委员会（JCFC），目的在于促进黄海和东海渔业资源研究、交换有关资料和制定保护措施；由联邦德国、瑞典、丹麦、挪威、法国、英国和荷兰于1962年组成的北海水道测量委员会（NSHC），目的在于促进北海航道测量的合作，并为勘探利用北海能源制订有关政策；由澳大利亚、法国、英国、新西兰、荷兰和美国于1947年组成的南太平洋委员会（SPC），主要目的是促进南太平洋区域的海洋资源开发。

民间国际海洋科学组织以国际科联理事会系统为主。国际科联理事会通过常设的特别委员会，研究和处理下属联合会中的海洋科学活动。这种委员会主要有海洋研究科学委员会和南极研究科学委员会（SCAR）。其中海洋研究科学委员会又是政府间海洋学委员会的科学咨询团体。有关的联合会为便利海洋科学活动，设置了相应的独立协会或委员会，主要有：

1. 国际大地测量学和地球物理学联合会（IUGG）下设的国际海洋物理科学协会（IAPSO），1919年初建时是作为该联合会的海洋处，1931年正式成为国际物理海洋学协会（IAPO），1967年改用现名。中国是成员国之一。该协会的宗旨是：促进有关海洋及其与边界相互作用的科学研究，重点是借助数学、物理学和化学方法能完成的研究课题；发起、促进并协调需要国际合作的海洋调查研究；为有关问题的讨论和发表提供便利。主要附属机构有：海洋地球物理学委员会、海洋化学委员会、物理海洋学委员会、潮汐与平均海平面委员会，以及海—气相互作用联合委员会。

2. 国际生物科学联合会（IUBS）下设的国际生物海洋学协会（IABO），建于1966年，宗旨是增进海洋生物学研究，提供并加强生物海洋学家之间的联系。曾参与"海洋学联合大会"、"国际南大洋研究"等多项合作活动。1975年建立了一个珊瑚礁常设委员会。

3. 国际地质科学联合会（IUGS）下设的海洋地质学委员会（CMG），宗旨是促进海底地质学、地球化学和地球物理学的调查研究活动，并促进调查研究成果的广泛传播。

知识点

《国际干预公海油污事件公约》

《国际干预公海油污事件公约》为确定沿海国对公海发生油污事件损害利益采取干预措施而签订的国际公约，简称《干预公约》。1969年11月10日～29日，由政府间海事协商组织在布鲁塞尔召开的海上污染损害国际法律会议上通过。1975年5月6日生效。共17条和1个附录。

该公约规定，在发生海上事故后，如有根据地预计到将造成严重后果，沿海国有权在公海上采取必要的措施，以防止、减轻或消除由于海上油类污染或污染威胁而对其海岸或有关利益造成的"严重而又紧迫的危险"。但是，沿海国所能采取的只是那些被认为是必要的措施，而且必须与实际造成的损害或势将发生的损害相适应，不应超出为达到防污目的而采取的必需措施范围，并应在达到此目的后立即停止行动，而在采取任何措施之前，应与有关利益方（包括船旗国、船舶所有人和船上所载货物的所有人等）进行协商，在情形允许的情况下，还应与为此目的而聘用的独立专家进行协商。沿海国应对超出公约所允许采取的措施所造成的损害负赔偿责任。

我国加强国际合作

近年来，中国双边、区域性和多边的环境合作与国际公约履约工作成效显著，海洋环境保护国际合作项目进展顺利。

作为最大的发展中国家和环境大国，中国一直积极参与全球环境合作和履约工作。近年来，中国在参与和推动国际环境合作与交流方面日益活跃，扩大了影响，树立了负责任的环境大国形象；同时，在双边、多边和区域国际环境合作中，坚持"以外促内"原则，围绕中国的环境保护事业，维护国家权益，争取最大利益，极大地推动了中国的环境保护进程。

中国与世界上许多国家和国际机构开展的环保引资和项目合作有所突破，对中国的环保建设有极大地推动作用。其中 2003 年仅多边机制下就获得 7700 万美元赠款。环保科技合作项目呈逐年上升趋势，大大提高了全国环保工作的管理和科技水平。通过借鉴发达国家有关环境保护的法律法规、标准和制度，如环境影响评价、污染者付费、排污许可证、总量控制等，建立了具有中国特色的环境政策、管理制度体系，加快了环境保护法制化建设。通过引进清洁生产、循环经济概念原则和方法及国际环境标准 ISO 14000 等先进管理经验和手段，促进了工业污染防治由末端治理向全过程控制转变。

在履行国际环境公约和国际环境义务中，由国家环保总局负责组织实施的海洋环境保护国际合作事务包括联合国环境规划署倡导的全球区域海行动计划、防止陆上活动影响海洋全球行动计划和双边政府合作协议。

中国是区域海行动计划东亚海行动计划与西北太平洋行动计划的成员国之一，在东亚海行动计划框架之下，中国参加的"扭转南中国海项目及泰国湾环境退化趋势"项目（简称"南中国海项目"）进展顺利，红树林、海草、湿地和防治陆源污染 4 个专题在第一轮项目示范区挑选中各有 1 个获得批准；共同完成了"东亚海跨境诊断分析"报告，组织编写了"南中国海跨境诊断分析与战略行动计划框架"国别报告；参与制定了防止陆源污染东亚海区域行动计划；参加了东亚海区域珊瑚礁监测与数据收集活动。

在西北太平洋行动计划方面，中国参加的 6 个项目分别为综合性数据库和管理信息系统项目；区域内国家环境政策、法规与战略项目；近海与沿岸及相关淡水环境监测和评价项目；海上油污染防备与应急反应项目；海洋环境保护公众宣传教育项目；保护海洋环境免受陆上活动污染项目准备。

防止陆上活动影响海洋全球行动计划，是由联合国环境规划署倡导实施的全球沿海国家环境保护活动，于 1995 年正式启动，其首要任务是通过寻求新的、额外的财力资源来建立市政污水处理设施，以减轻陆源对海洋的污染。中国积极参加了这个计划，始于 1998 年的《渤海碧海行动计划》是国内最大和最直接的活动。

始于 1997 年的中韩黄海环境联合调查项目是中国政府和韩国政府签约的环保合作项目。开展该项目能大量获取黄海公海海域环境质量状况的科学监测资料，科学、公正地掌握黄海公海海域环境质量状况，为两国政府进行黄海海域环境质量控制与污染防治提供科学依据。

海洋环保国际合作项目对我国的海洋环境保护工作起到了积极地促进作用。据悉，"南中国海项目"的海草专题组采用国际标准规范在我国南海周边三省区进行了海草资源及其生境状况的普查和重点区域海草场的调查，确定了海草场总面积和主要分布地，建立了重点海草场的信息数据表，分析了海草场面临的威胁及其因果链，评估了海草场经济价值，确定了国家级海草场优先保护区，专题成果提高了政府部门和公众对海草及其生态功能与经济价值的认识。

⋯⟩⟩ 知识点

"未来能源" 可燃冰

可燃冰的学名为"天然气水合物"，是天然气在 0℃ 和 30 个大气压的作用下结晶而成的"冰块"。"冰块"里甲烷占 80% ~ 99.9%，可直接点燃，燃烧后几乎不产生任何残渣，污染比煤、石油、天然气都要小得多。西方学者称其为"未来能源"。

1 立方米可燃冰可转化为 164 立方米的天然气和 0.8 立方米的水。科学家估计，海底可燃冰分布的范围约4000万平方千米，占海洋总面积的10%，海底可燃冰的储量够人类使用1000年。

据估计，全世界石油总储量在2700～6500亿吨之间，按照目前的消耗速度，再有五六十年，全世界的石油资源将消耗殆尽。可燃冰的发现，让陷入能源危机的人类看到新希望。